HACIA UNA ÉTICA DEL MEDIO AMBIENTE

Enrique Posada Restrepo

Medellín, septiembre de 2019

Tercera edición

Primera edición marzo de 2010
Segunda edición noviembre 2018

Se permite copiar y divulgar estos materiales citando al autor

Contenidos

Tema	Pg.
PRESENTACIÓN	3
1- INTRODUCCIÓN	4
2- EL USO DE LA TOTALIDAD DEL SISTEMA NERVIOSO Y DEL CEREBRO	5
3- LAS IDEAS PERSONALES Y EL MEDIO AMBIENTE	22
4- UN MANEJO PROPIO DE NUESTRAS RELACIONES CON EL MEDIO AMBIENTE	26
5- EL ORIGEN DEL COMPORTAMIENTO ÉTICO	29
6- APRECIO Y ATENCION HACIA EL MEDIO	33
7- CONTEMPLACIÓN DE IDEAS Y ÉTICA DEL MEDIO AMBIENTE	35
8- GENERACIÓN DE LA CAPACIDAD PARA IMAGINAR, INTUIR, CREAR Y OBSERVAR	39
9- LAS RESPUESTAS PERSONALES Y LA ÉTICA	43
10- ATENCION, CUERPO Y ENTORNO FÍSICO	45
11- HACIA UNA VISIÓN REAL	48
12- CAMBIOS DE PUNTOS DE VISTA	53
13- ÉTICA AMBIENTAL Y CREENCIAS	54
14- ACERCA DE LA ÉTICA AMBIENTAL Y LA CONCIENCIA PURA	56
15- HACIA METAS ÉTICAS	60
16- COMO ENFRENTAR LOS RETOS DEL DESARROLLO SOSTENIBLE: HACIA NUEVOS SISTEMAS DE CREENCIAS	63
17- APLICACIÓN PRÁCTICA DE LOS 10 PRINCIPIOS	77
18 -DIEZ ALTERNATIVAS PARA UN PAÍS SOSTENIBLE	99
19- PRINCIPIOS PARA LA ELABORACIÓN DE NORMAS Y LEYES	105
Referencias	118

HACIA UNA ÉTICA DEL MEDIO AMBIENTE

PRESENTACIÓN

Estos escritos son una aproximación a una ética del medio ambiente y tienen los siguientes objetivos:

- Crear conciencia sobre la importancia que las ideas, valores, creencias y los estados de conciencia de las personas tienen sobre su compromiso real y efectivo con el desarrollo sostenible.
- Explorar las relaciones entre ideas, valores y experiencias.
- Plantear visiones creativas sobre el desarrollo personal y su relación con el medio ambiente.
- Desarrollar herramientas para crear visiones y compromisos comunitarios y empresariales en relación con el medio ambiente.
- Explorar técnicas para aprender a trabajar en grupo, para respetar la diversidad humana y para apreciar las ideas de los demás.

Ojalá que los lectores se atrevan a establecer relaciones entre estos temas y los valores asociados con las instituciones, empresas o sitios en los cuales se desempeñan. El autor cree que para lograr mejores resultados es bueno:

- Compartir y conocer los planteamientos que se hacen en distintos lugares sobre creencias, valores y ética.
- Discutir algunos problemas prácticos relacionados con ética medio ambiental y proponer enfoques para enfrentarlos.
- Elaborar un Ensayo personal sobre estos temas.
- Elaborar un Ensayo en Grupo.
- Comprometerse con la realización de un trabajo práctico comunitario o empresarial.

El autor manifiesta su reconocimiento a los autores Harry Palmer y Paul Pearsall, cuyas enseñanzas y libros han tenido influencia sobre las visiones presentadas en estos textos.

1. INTRODUCCIÓN

La Ética del medio ambiente realmente no es un tema de estudio académico, si bien es importante que se mencione cuando las personas estudian en los distintos campos. Empaparse de la ética del medio ambiente es un proceso de ordenamiento de los puntos de vista. En este proceso las personas van revisando sus viejas ideas y se van dando cuenta de que existe la posibilidad de evolucionar hacia la conciencia plena de la naturaleza unitaria del universo y hacia la idea de que uno es a la vez conciencia pura y parte de esa totalidad unitaria. En este proceso nos damos cuenta de somos seres vivos, a la vez creadores y criaturas, responsable de tener sentimientos de ternura, justicia y amor, de alcanzar una visión sistémica y equilibrada.

En esta forma podemos llegar a darnos cuenta de que tenemos un poder creativo propio, capaz de transformar la naturaleza y nuestras propias personas, capaz de dar sentido a vivir la vida y a crear opciones de vida y de equilibrio natural. Siguiendo por estos caminos alcanzamos la visión de que la materia, la naturaleza y nuestra conciencia personal tienen un origen común y de que la guerra entre las personas, la violencia y la destrucción ignorante del medio ambiente se deben a que se ignora esta unidad fundamental.

Para facilitar este proceso, se presentan ejercicios diseñados para abrir nuevos espacios de conciencia entre las personas y el ecosistema que nos rodea, mejor dicho, el ecosistema que somos nosotros mismos.

Influencia de las ideas

Tenemos ideas y creencias, algunas de las cuales van formando una ética de la vida y del medio ambiente, con la cual de alguna forma nos posicionamos responsablemente ante la realidad en que vivimos y nos aproximamos a diversas preguntas importantes:

¿Quién soy en el contexto natural?
¿Por qué estoy aquí en este planeta especialmente bello?
¿Para dónde voy y para dónde llevo las cosas?

¿Qué papel juego en el entorno natural?
¿Qué es malo y qué es bueno en mi intervención?

Podemos refinar las respuestas a esas y a otras preguntas por medio de la exploración de las ideas y creencias que tenemos en la mente, estructura de ideas que da soporte a la conciencia. Tales ideas, creencias y pensamientos, son instrumentos que sirven para crear e interpretar la realidad. Modifican y gobiernan la forma en que nos relacionamos. Nuestras relaciones no son independientes de estas ideas. Yendo al fondo de lo ético, del mundo de las ideas sale también que tan fuertes son los sentimientos de unidad o de separación entre nosotros y el medio ambiente. Las ideas tienen mucho que ver con las experiencias que vivimos. Es por ello que, si las sabemos enfocar, elegir, manejar, dirigir, estamos en la capacidad de crear nuevas realidades en nuestro entorno natural. He ahí la clave del comportamiento ético.

Estas aproximaciones son prácticas. Por ello es bueno hacer ejercicios de aproximación hasta que lograr sentir que se ha aprendido algo nuevo y hasta sentir un cambio evolutivo en las ideas sobre el medio ambiente. Desde las palabras, podemos llegar a la experiencia nueva y clara. En eso ayuda el hacer ejercicios. Nuestra relación con la naturaleza merece que le dediquemos tiempo con amor, algunas horas para descubrirnos como seres cercanos a la naturaleza, capaces de experimentar el universo físico en toda su maravilla.

2. EL USO DE LA TOTALIDAD DEL SISTEMA NERVIOSO Y DEL CEREBRO.

Como seres humanos somos el producto de muchos miles de años de evolución y nuestra herramienta más potente es el sistema nervioso. Este sistema nervioso nuestro es demasiado potente e interesante y desde el punto de vista ético sería muy conveniente darle un uso delicado, eficiente, amplio, descansado, evolutivo y equilibrado con la realidad natural. Nuestro sistema nervioso tiene capacidades insospechadas y es muy conveniente que nos orientemos a usarlo a plenitud.

Desde un punto de vista conceptual y simbólico se puede decir que existen dos modos de funcionamiento del sistema nervioso, los cuales se han asociado con la existencia de dos hemisferios en el cerebro: hemisferio izquierdo y hemisferio derecho. Al considerar estos dos modos de funcionamiento lo que se quiere es plantear el punto de vista de que uno puede enriquecer su funcionamiento cerebral y nervioso siendo consciente de las gamas de posibilidades que existen. Los dos modos de funcionamiento no son totalmente independientes ni corresponden a separaciones claras de tipo físico. Más bien son opciones de contemplación y de experimentación de la realidad.

La tabla siguiente contrasta los dos modos de funcionamiento de los procesos nerviosos y cerebrales. Uno de los modos, el del hemisferio izquierdo, está asociado con el aspecto consciente de los funcionamientos y con la mente. El otro modo con el cuerpo y con el aspecto inconsciente de los funcionamientos. No son modos separados radicalmente, sino que estas clasificaciones denotan, simbólicamente, posibilidades. Lo que aparece en la tabla siguiente es la forma en que se pueden categorizar en dos grupos opuestos y complementarios distintos aspectos de funcionamiento relacionados con el sistema nervioso.

La idea de establecer estas dos categorías es atraerlo a uno a buscar en las formas en que uno opera y trabaja el empleo deliberado de las dos formas de funcionamiento cerebral y nervioso. Por herencia, por educación, por influencia ambiental, por adoctrinamiento, por elección propia, o por otras muchas razones, nosotros tenemos la tendencia a preferir ciertos modos de funcionamiento. Las costumbres o rutinas que seguimos igualmente nos condicionan a funcionar de modo parcial. Con ello tendemos a perder opciones y esto se refleja en la forma en que nos relacionamos con el ambiente que nos rodea. Este funcionamiento limitado es una de las causas de los comportamientos desordenados y poco evolutivos y delicados que tenemos con relación a la naturaleza y a los demás.

Aspecto	Hemisferio Izquierdo	Hemisferio Derecho
Zona de dominio	La mente Lo consciente	El cuerpo Lo inconsciente
Tipo de percepción	Pensamientos Sensaciones	Sentimientos / Sentir Intuición
Tipos de Recuerdos	Palabras Números Partes Nombres	Imágenes Caras Patrones Lo global
Formas de Expresión	Verbal Hablada Contar Escribir	No verbal Gestos Dibujos Garabatos
Formas de Pensamiento	Analítico lineal Lógico Racional Secuencial Vertical Convergente Deductivo	Visionario Espacial Analógico Creativo Simultáneo Lateral Divergente Inductivo
Formas de acción	Prueba Ejecuta	Visualiza Se proyecta
Énfasis organizativo y empresarial	Normas Capital Mano de obra Recursos Tecnología	Visión y valores Motivación Compromiso Ideas y creatividad Innovación
Forma de definir y presentar las cosas	Blanco y negro Sin dudas Asertivo Con palabras	Grises o colores Con alternativas Sugerente e Integrada Con gráficos
Enfoque de conocimiento	Reduccionista	Holístico
Enfoque de los Valores	Expansión Dominio Competencia Cantidad	Conservación Asociación Cooperación Calidad

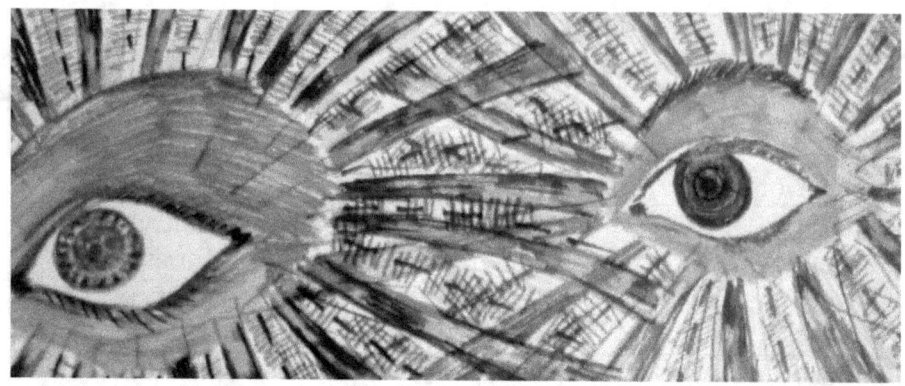

Puntos de vista complementarios y universales

Uno pensaría que el sistema nervioso funciona de modo total y que siempre están presentes, de una u otra forma, las dos categorías de funcionamiento descritas de modo simplificado en la tabla anterior. Por ello en realidad no sería apropiado decir que existe un uso parcial del sistema nervioso en sentido estricto. Sin embargo, muchas de las costumbres que tenemos tienden a opacar uno de los dos modos de funcionamiento. Con ello adquirimos, quizás inadvertidamente, puntos de vista parcializados y limitados sobre la realidad. Dada nuestra capacidad nerviosa y cerebral, uno podría pensar que estamos dotados para funcionar de un modo cósmico, con conciencia cósmica, es decir, conscientes en simultáneo de una inmensa gama de realidades simultáneas y de la maravilla natural. Nuestra evolución nos debería llevar a disfrutar de puntos de vista universales, complementarios y flexibles.

Modos de funcionamiento de la conciencia. Ética y Estados de Conciencia.

En el fondo los temas éticos son cuestionamientos sobre los efectos de nuestras acciones. Todos nos preguntamos sobre lo que nos traerá el futuro y sobre el mal que hacemos o el bien que dejamos de hacer. Propongo que cambiemos la pregunta por la respuesta. El futuro será lo que reflejen nuestros sueños. Poner nuestros sueños en presente construirá el futuro que queremos. La creatividad es la herramienta práctica para soñar sin frustraciones. Esta es una ruta hacia el trabajo ético.

La ética está fundamentalmente asociada con la conciencia. Depende nuestro actuar ético del estado de la conciencia que tengamos y no tanto de lo que nos enseñen sobre ética. En este sentido es bueno reflexionar en que somos seres dotados de un rango amplio de estados de conciencia. Una lista representativa es la siguiente:

Pesadillas y visiones enfermizas
Incomodidades, sensaciones, fastidios, dolencias
Reactividad, agresividad.

Recuerdos
Pensamientos y trabajo mental

Imaginación
Creación
Intuición
Observación

Los primeros tres modos de conciencia de la lista corresponden grupos de vivencias bastante alejadas de la responsabilidad personal. Son comportamientos asociados con estados de miedo, defensa y ataque, en los cuales uno muy afectado por el ambiente que lo rodea. Son apropiados para situaciones reales de peligro y muchas veces reflejan mensajes que el cuerpo quiere dar para llamar la atención. Por otra parte, vivir continuamente en estos estados de conciencia significa atraer especies de purgatorios y reacciones por debajo de lo consciente. Son los modos de funcionamiento típicos de la violencia, de los odios, de la injusticia, del crimen y de la ignorancia. En ellos está la base de nuestros comportamientos destructivos con el medio ambiente y con los demás. En estos modos de conciencia, tendemos a vivir atados a un pasado de recuerdos tristes y mediocres y si nuestra conciencia se llena de pesadillas y de temores, nos invaden la incomodidad y el dolor y nuestra racionalidad es agresiva.
El pensamiento, los recuerdos, el trabajo mental y la imaginación, son la base principal del modo racional de hacer las cosas y funcionando desde estos modos se ha construido en buena parte la actual estructura social y económica. Hemos superado los modos reactivos y agresivos, pero a la vez hemos creado nuevos peligros y riesgos insospechados,

por abusar de nuestra inteligencia y capacidad intelectual. La guerra moderna, la fabricación de armas, la contaminación, el exceso de lo desechable y del consumismo, el desempleo, son el lado oscuro del uso de la inteligencia, que a su vez nos ha traído la tecnología, la ciencia, el ocio, los viajes fáciles, la recreación de masas y los medios de comunicación globales, entre otros.

Los últimos cuatro modos de conciencia de la lista, dejan brillar nuestra naturaleza superior y son el reino de nuestra responsabilidad personal. Son comportamientos que atraen estados más celestiales y cósmicos a nuestras vidas y nos ponen en contacto con el nivel máximo de nuestra conciencia. Son los modos de funcionamiento típicos de la paz, del amor, de la equidad, del progreso, de la sabiduría, del equilibrio con la naturaleza y del respeto por los demás. Evolucionando hacia ellos, los modos racionales e intelectuales encuentran una expresión superior.

Cuando soñamos con un futuro lleno de alegrías y de plenitud, nuestra conciencia se llena de imágenes auspiciosas y de optimismo, nos invaden la felicidad y el bienestar y se despierta nuestra racionalidad superior y creativa.

La lista de estados de conciencia es entonces una lista clave para construir un futuro equilibrado y sano.

En los modos de funcionamiento superiores aparece la **creatividad** como elemento visible y dominante:

La **imaginación** no tiene límites, podemos imaginar cualquier cosa.

El poder de hacer **declaraciones** es inmenso. Podemos dar origen a cualquier idea. En el principio de toda creación está el verbo, la palabra.

La **intuición** nos susurra continuamente, nos provoca a cambiar, a examinar, a buscar alternativas.

La **observación** es la clave de los descubrimientos, del conocimiento científico, de la experimentación creativa y respetuosa. El respeto tiene también sus bases en nuestra capacidad de enamorarnos de los objetos, impulsados por su belleza, que se manifiesta cuando los observamos en silencio o cuando nos dejamos inundar por su presencia.

El poder de una visión

Como resultado de la acción de los modos creativos, se establecen las visiones. El poder de una visión consiste en que se convocan las energías superiores pues en las visiones entran a funcionar la imaginación, la creatividad, la intuición y la observación, que son los modos de conciencia más evolucionados.

La racionalidad y el pensamiento están en toda la mitad de la escala de modos de conciencia, pudiendo la mente escoger caminos de evolución o de retroceso. Siempre habrá razones para amar o para odiar, para sufrir o para gozar, para proyectarse y soñar o para quedarse atado al pasado. Por ello la mente y la lógica no son los únicos ni necesariamente los mejores consejeros en la construcción de un futuro mejor, siendo necesario orientarlos de modo creativo para que no se queden atrapados por los miedos lógicos del pasado.

Cuando nos atrevemos a plantear visiones como guías de nuestras actuaciones, estamos dando cabida al pensamiento creativo.

Un sistema nervioso utilizado a plenitud nos permite entonces el disfrute de la gama entera de los estados de conciencia descritos.

Ideas de la mente y Modos de Funcionamiento

En el fondo todo este tema de la ética y de la conciencia se reduce al efecto que el tejido de nuestras ideas y creencias tiene sobre nuestra experiencia. Por ello, explorar la ética y explorar la conciencia equivale a explorar las creencias, las ideas y los valores que uno puede tener. Es entonces interesante hablar de las creencias y de las ideas que uno tiene en la mente y relacionar esto con los modos de funcionamiento de la conciencia y con los modos de funcionamiento nervioso y cerebral.

Se podría decir que existen varios grupos de ideas y creencias:

Un **primer tipo**, el de los modos de conciencia más primitivos, refleja nuestros miedos y temores, nuestros estados defensivos y de ataque y nuestras ataduras personales con el pasado.

Se trata de creencias e ideas como las siguientes:

No se puede confiar en los demás.
No soy capaz de resolver las situaciones.
Estamos condenados a sufrir consecuencias negativas.
Soy muy ignorante y solamente los sabios saben interpretar.
No ganamos nada con intentar el cambio.
Soy muy débil, carezco de poder.

Una **segunda categoría** de ideas, un poco superior en la escala de modos de conciencia, refleja las costumbres sociales y los adoctrinamientos a que hemos estado sometidos desde pequeños, las influencias de los medios de comunicación y de la opinión pública. Muchas de estas formas de pensar tratan de mantener vivo el pasado. Otras se refieren a las inseguridades de las personas, al conocimiento que no se cuestiona, a los refranes y los dichos, a la lucha constante, al inevitable sufrimiento.

Son ideas y creencias como las siguientes:

Hay cosas que debo hacer, aunque no me parezcan correctas.
El que mucho abarca, poco aprieta.
Para colonizar, hay que tumbar monte.
Para producir, hay que contaminar
Este país siempre ha conocido la guerra y así será siempre.
En boca cerrada no entra mosca.

Estas dos categorías corresponden a nuestro funcionamiento en modos inferiores de conciencia, dominados por las pesadillas, por los recuerdos aleccionadores nuestros o de otros y por el pasado.

Una **tercera categoría de ideas y creencias** se basa en la experiencia y en las deducciones lógicas e inteligentes. A ella pertenece el conocimiento científico. Este es el dominio del modo pensante, que basa las formas de pensar en la experimentación, en la información sensorial propia o amplificada o en la deducción lógica. Se trata de ideas atractivas, ya que son persuasivas, se pueden argumentar y discutir, se pueden respaldar con evidencias, con citas basadas en hechos y autores expertos. Las ideas reflejadas por estas creencias se consideran objetivas y verdaderas, ya que se pueden demostrar con lógica o con resultados experimentales.

Son creencias de este tipo ideas como las siguientes:

Me lo tienen que demostrar con hechos.
Para cada acción que emprendamos, hay una reacción de la naturaleza.
La humanidad es irresponsable con el medio ambiente.
El conocimiento del ecosistema será la fuente de la creatividad con la que actuemos.
La intuición sirve de poco, ya que es inconsistente y poco práctica.
Todo proceso es dañino.

Estas creencias son muy atractivas y se van reafirmando en el sistema educativo. Sin embargo, la realidad existente no refleja un verdadero comportamiento ético y ello indica que se requieren nuevas ideas que rompan los esquemas actuales, por más racionales y experimentales que parezcan ser. Bajo un esquema de aproximación ética, nos debemos volver flexibles, capaces de ensayar otros puntos de vista, y de cuestionar las creencias establecidas, generando así nuevos marcos de referencia, nuevas perspectivas. Así vamos viendo que los hechos probados no son realmente tan contundentes, que en realidad hacen parte de una de las muchas visiones factibles y que la ética está por ser descubierta, en una nueva zona, en una visión de espacios todavía más amplios y universales.

Para penetrar en estas nuevas visiones, nos podemos atrever a explorar una **cuarta categoría de pensamientos, ideas y creencias**, más evolucionada, cuando entramos a funcionar en los modos superiores de conciencia. Es la zona donde establecemos creencias con la idea de alcanzar logros, experiencias que valgan la pena. Nos atrevemos seleccionar posibilidades e ideas, a postularlas intencionalmente, para alcanzar nuevos puntos de vista, para sentirnos como creadores responsables del equilibrio natural, del buen sentido de las cosas, de la ética que sentimos valiosa y profunda. Establecemos ideas visionarias, hacemos declaraciones que parecen imposibles hoy y que harán posible el mañana si las tenemos con pureza creativa. Se podría decir que la esperanza de que los seres humanos adquiramos estados de funcionamiento éticos corresponde a que las personas y la sociedad establezcan ideas y declaraciones de este tipo y se atrevan a funcionar en tales modos superiores de conciencia.

Pertenecen a esta categoría ideas y creencias como las siguientes:

Somos capaces de funcionar bien.
Yo tengo buena capacidad para escoger el camino correcto.
La vida es bella y me enseña a vivir.
La sociedad conserva los recursos para el futuro.
La sociedad funciona bajo condiciones adecuadas de justicia social y económica.
En la sociedad hay respeto por la cultura y la diversidad
La sociedad practica de modo regular la descontaminación y el reciclaje.

Cuando las personas, las sociedades, los países se atreven a sintonizarse con creencias que rompan esquemas, se volverán flexibles, apreciativas de los demás y ricas en autoestima y el mundo será más iluminado, más amable y más ecosistema, casa de todos.

Hábitos y funcionamiento nervioso y cerebral

Cuando uno funciona desde los modos de conciencia superiores, el sistema nervioso utiliza los dos hemisferios. A su vez los hábitos de funcionamiento que implican el manejo de los dos hemisferios llevan a modos de funcionamiento superiores, es decir, a la creatividad, a la imaginación, a la intuición y al aprecio por los demás.

Como herramienta práctica para conducir a un funcionamiento pleno, se propone ahora el uso de las técnicas desarrolladas por Tony Buzan, denominadas "Mapa Mental", que tienen como efecto una capacidad para resolver problemas de forma fácil y rápida, para coordinar los dos hemisferios, para leer y aprender con rapidez y para mejorar la memoria.

Se propone a los lectores que ensayen esta herramienta y que se permitan utilizarla por un buen tiempo, para que observen los resultados benéficos del uso de los dos hemisferios cerebrales. La idea es construir hábitos apreciativos hacia la realidad del otro y hacia la realidad natural, los cuales son la base de un comportamiento ético.

Mapa Mental

Tony Buzan desarrolló una sencilla técnica para tomar notas que enriquece el funcionamiento cerebral. Se basa en la imagen que uno tiene de las neuronas, es decir de las células del sistema nervioso. La figura muestra un esquema simple de una neurona

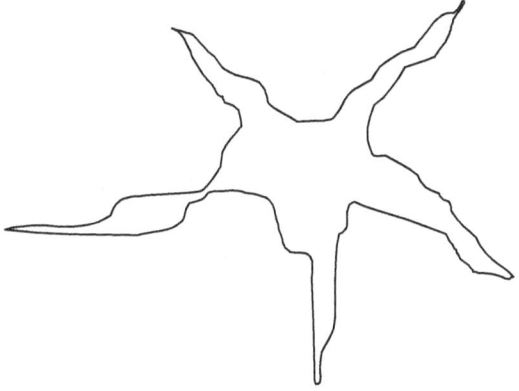

Se aprecia que tiene una zona central masiva y una serie de ramales que se desprenden de la zona central. Por medio de estos ramales, las neuronas se conectan entre sí. Existen gran cantidad de conexiones entre las neuronas.

Esta simple idea dio origen al concepto de tomar nota llamado mapa mental, donde mapa tiene que ver con la palabra inglesa "mapping", que se puede asimilar a una red de conexiones que identifican un espacio. Como se trata de la imagen de las conexiones cerebrales, se denomina mapa mental.

Para tomar notas con la técnica del mapa mental, se hace lo siguiente:

- Se toma una hoja de papel rectangular proporcionada como el tamaño carta u oficio.
- Se trabaja la hoja de forma horizontal para tener libertad de espacio.
- Se decide cuál es el tema principal de las notas que se están tomando y que van a quedar registradas en el mapa mental de la hoja.
- Se elige un título para el mapa relacionado con el tema principal.
- En el centro de la hoja se dibuja una figura geométrica cualquiera, a mano alzada. Puede ser un círculo, un cuadrado, un rectángulo, una elipse, una estrella, una forma irregular o una forma arbitraria (que puede estar relacionada o no con el tema principal).
- Dentro de esta figura central se escribe el título en letras mayúsculas y grandes. Se trabaja de forma horizontal.
- El centro del mapa se asemeja a la zona central de las neuronas. Al definir un centro, toda la atención del cerebro se concentra en trabajar en el tema principal.
- Las distintas informaciones que van surgiendo, relacionadas con el tema central y que se consideran de interés, se van anotando en el mapa. Para ello los distintos tópicos se van colocando de modo secuencial, a medida que van apareciendo durante el desarrollo del tema.
- Los distintos tópicos o informaciones hacen a su vez parte de categorías diferentes del tema principal. Cada uno de ellos se encierra a su vez en una figura geométrica o se subraya con una línea común.
- El tópico, su figura geométrica o su subrayado, va unido al centro.
- Para cada tópico se usa un color distinto. Se propone usar al menos cuatro colores.
- Se facilita así la tendencia del cerebro a englobar y cerrar conceptos. Las líneas ayudan a memorizarlos y a asociarlos.
- El primer tópico se anota en la parte superior derecha de la hoja. Los demás tópicos van apareciendo uno tras otro en el sentido de las agujas del reloj. Véase la figura donde se esquematiza lo que se ha dicho sobre el centro y sobre el primer tópico y sobre los demás tópicos que van apareciendo.

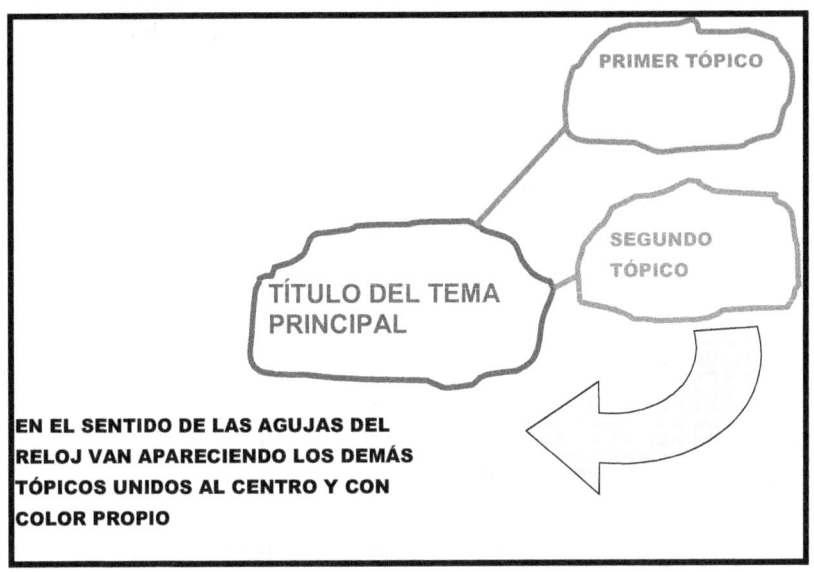

- Las anotaciones para cada tópico se hacen con palabras en mayúsculas, letra clara y grande. Se complementan con dibujos libres, garabatos, adornos, diseños.
- El color y los dibujos son parte importante del mapa, pues así se tiene en cuenta la forma de operar propia del hemisferio derecho. Este hemisferio es muy potente para memorizar, crear y trabajar con conceptos.
- Usar al máximo todos los espacios, dando prioridad a la información más que a las líneas. Por ello los límites que encierran la información de cada tópico se marcan una vez anotado el tópico y no antes.
- Escribir de frente a uno, de forma horizontal y recta.
- Se aconseja utilizar palabras claves. Solamente se deberían escribir de forma literal aquellas frases que se deben recordar textualmente.
- Al crear un mapa mental que sea estructurado, atractivo y estético, es mayor el provecho, pues se recordará más fácilmente por ser claro y llamará más la atención al cerebro por ser atractivo.

- Al usar palabras, colores y una distribución lógica del espacio, se pone en movimiento toda la gama de habilidades cerebrales, se estimula el trabajo nervioso y se aumenta la probabilidad de un recuerdo espontáneo.

Es muy típico que en una hoja se acomode muy bien todo lo relacionado con un tema principal. Pero si esto no fuera así, se continúa con el mismo tema título de principal en una o más hojas adicionales, numerándolas en el centro.

Cada quien seguramente tiene su propio estilo para elaborar sus mapas y este estilo se va refinando a medida que uno pierde la timidez y se deja llevar por el gusto y la diversión de funcionar con todas las herramientas cerebrales y no únicamente con las serias herramientas de la lógica tradicional que utilizamos para tomar notas.

De todas formas, se aconseja evitar hacer lo siguiente:

- Desperdiciar el papel y sus espacios o trabajar de forma vertical.
- Trabajar con líneas separadas. Siempre se deben encerrar los tópicos o subrayarlos con una misma línea que se una al centro. La idea es asociar todo el tópico al tema principal.
- Usar minúsculas, o palabras dispersas, o letra confusa que no se entienda o no poner líneas que agrupen al tópico.
- Trabajar sin colores, usar muchos por rama o trabajar con colores demasiado similares.
- Dejarse llevar por la pereza, por las excusas, por el qué dirán los demás o por la seriedad o desperdiciar la oportunidad para practicar la técnica.

Se aconseja en cambio:

- Atreverse a practicar y a ensayar.
- Fluir con el trabajo y dejarse llevar.

Los mapas mentales se pueden usar para muchas aplicaciones como las siguientes:
- Para tomar notas en una conferencia, en clase, cuando se están

recibiendo instrucciones, para dar instrucciones a otros. Se trata de un modo entretenido y agradable de prestar máxima atención al conferencista y al tema. Los temas quedan organizados de forma lógica y se pueden repasar con mucha efectividad cuando se esté preparando un examen o exposición sobre el tema principal. La memoria se activa de inmediato cuando viene a la mente de nuevo el tema principal.

- Para resumir escritos, artículos, libros e información que se recibe o se está investigando. La técnica permite una organización lógica, capturar los contenidos importantes, detallar conceptos y asociar ideas. Las ideas que se vengan a la mente durante el resumen o la toma de notas se anotan en el mapa de forma muy armónica y natural, sin estorbar el desarrollo del tema.
- Para preparar exposiciones o charlas. Permite ir de lo general a lo particular, no dejar cabos sueltos, cerrar el tema, dar coherencia y administrar el tiempo.
- Para trabajo empresarial. Sirve para tomar notas que sirvan de base para hacer actas, para evaluar mejoras, para hacer seguimientos, para distribuir tareas, para organizar eventos o programas, para explicar conceptos a un grupo de trabajo, para liderar el trabajo de grupo. Los conceptos que se presentan más adelante sobre trabajo de grupo, se organizan de forma muy efectiva utilizando el mapa mental para llevar la minuta de una reunión o de un trabajo en grupo.
- Para planear proyectos. Permite visualizar estrategias de forma completa, asignar prioridades, hacer matrices DOFA coherentes y asignar recursos y darse cuenta de los recursos disponibles.
- En la educación sirve para manejar y utilizar al máximo las capacidades de los dos hemisferios, para aprender con ganas y gusto. Relaja el proceso, da confianza, da salida a la creatividad y a la imaginación, agudiza la observación y el aprecio por el tema y estimula la intuición. A la vez, entrena para ir al grano, para sacar conceptos, para ser ordenado y para pensar.

Una vez que una persona se ha acostumbrado a esta forma de tomar notas, observa las enormes limitaciones del modo antiguo de tomar notas y ya no lo vuelve a usar casi nunca.

Trabajo en grupo efectivo

Para trabajar con amplitud cerebral en grupo, se presenta a continuación una metodología basada en una adaptación de la desarrollada por Harry Palmer y un grupo de colaboradores de la entidad Star's Edge International, denominada "Tormenta de Pensamientos", "Thoughtstorm". A estas ideas les he agregado elementos que he visto muy efectivos.

Un buen trabajo de grupo sería aquel en el cual todos aporten con cariño y con generosidad, en un ambiente de confianza, de tolerancia, de participación, en busca de lograr objetivos que se puedan llevar a cabo y que den la sensación de ser alcanzados por el grupo.

Con frecuencia muchas de las personas se quedan calladas en las reuniones, dejando que unos pocos asuman el liderazgo y la carga de las decisiones que se toman. Muchas veces queda el sabor de la no participación, del no compromiso, y de la apatía por el resultado. Se pierden así opciones de crecimiento al no participar activamente.

Unos sencillos principios, que a continuación se enumeran, pueden ayudar a mejorar la participación en grupo.

El primer principio es el de la **Alineación**. Mediante el trabajo en grupo se debería buscar la alineación, es decir, que se unan en una misma dirección los poderes y las capacidades individuales de las personas, buscando mayor capacidad y mayor poder colectivo. Es mayor la potencia de un grupo alineado que la de las personas individuales.

Es muy conveniente que **alguien, un líder servidor, asuma un papel de facilitador del trabajo en el grupo**, controlando el desarrollo de la reunión y llevando anotaciones sobre las ideas que vayan resultando y los acuerdos a que se llegue. Este es el segundo principio.

Para lograr la alineación es muy bueno que los miembros del grupo deseen de antemano buscarla. Esto se facilita mediante la **presentación de un tema** sobre el cual se desea llegar a una visión de grupo. El tema se acompaña por una **pregunta de alineamiento** relacionada con él, presentada por el facilitador. Este es el tercer principio.

El cuarto principio es el de la **contemplación individual**. Cada miembro del grupo ¨ contempla ¨ la pregunta de alineación en silencio por corto tiempo. Para ello pone su atención y su imaginación sobre la pregunta, y luego se relaja anotando alguna palabra clave o respuesta que se le ocurre. Esta contemplación se puede hacer un par de veces para enriquecer las respuestas.

El quinto principio es el de la **anotación de todas las respuestas distintas** de las personas por parte del facilitador en un tablero o en un diario de la reunión. Acá, si se utiliza la herramienta del mapa mental, los resultados son muy buenos. Es excelente usar un tablero que todos puedan ver, donde se anota como tema principal la pregunta de alineamiento y en los ramales aparecen, como tópicos, los aportes de los participantes.

El sexto principio es el del **respeto y admiración por todas las respuestas anotadas**. Esto se refleja en que cada cual dice su aporte sin que se lo discutan o refuten los demás. Todos tienen derecho a que se anote su aporte sin menoscabo ninguno.

El séptimo principio es el de la **contemplación en grupo**. El grupo contempla en silencio todas las respuestas y aportes anotados con sentimiento de aprecio por todas ellas. Esta actitud de contemplación y aprecio continúa hasta el final. La herramienta del mapa mental se presta bastante para esto, pues todos los aportes aparecen en el mapa, unidos al tema central, sin que ninguno opaque a los demás.

El octavo principio es el de la **interpolación y el de la extrapolación**. Las respuestas se comparten y se amplifican, buscando patrones comunes, verdades más amplias y conceptos útiles para resolver y centrar el tema. Los participantes se asocian, se toleran en sus especulaciones y cambian sus puntos de vista en busca de conceptos comunes. De nuevo, esto se facilita mucho con el mapa mental y un tablero que permita borrar ideas, unir ideas y relacionar conceptos con líneas y flechas.

El noveno principio es el de las **declaraciones finales**. Ellas resumen de modo evidente para el grupo los conceptos comunes finales desarrollados y se constituyen en el resultado práctico de la reunión. El facilitador anima todo este proceso y anota los conceptos. Todos sienten que las declaraciones tienen en cuenta sus aportes y pueden comprometerse con ellas si se van a llevar a la práctica.

3. LAS IDEAS PERSONALES Y EL MEDIO AMBIENTE

La ética es enteramente personal, o por lo menos surge de comportamientos enteramente personales. Para viajar hacia creencias armónicas con la vida y con la naturaleza conviene examinarse a nivel personal, como punto de partida hacia el rediseño de las ideas, en el viaje final hacia una ética comprometida. Por ello es bueno detenerse por unos momentos, una o dos horas, para examinar cómo es la realidad personal y ética que tenemos, con énfasis en nuestras relaciones con nosotros mismos, con los demás y con el medio ambiente.

Elabora mapas mentales para cada una de las ideas siguientes. Para ello coloca en una hoja, en el centro, el nombre de la idea que aparece junto con un símbolo gráfico de la idea. Luego, vas llenando el mapa con algunos de tus pensamientos y creencias relacionados con la idea central. Trata de usar dibujos en lo posible, para ampliar la visión de la idea expresada con palabras claves. Este formato es una ayuda de trabajo. Naturalmente lo puedes cambiar. Lo importante es que explores tus ideas y lo que piensas alrededor de ellas. A continuación, doy unos ejemplos del método sugerido.

¿Qué es la vida?

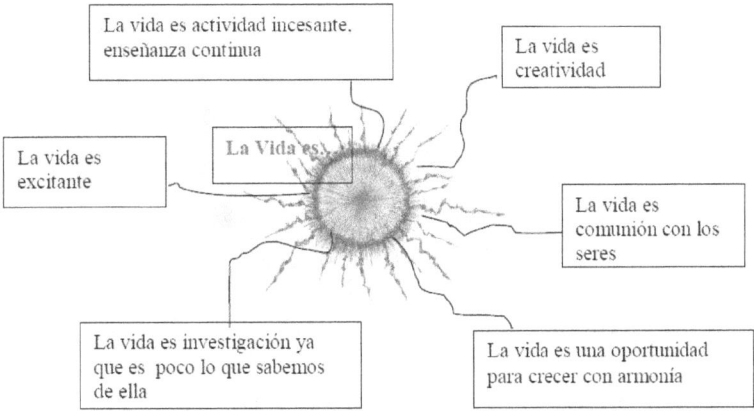

¿Qué son los demás?

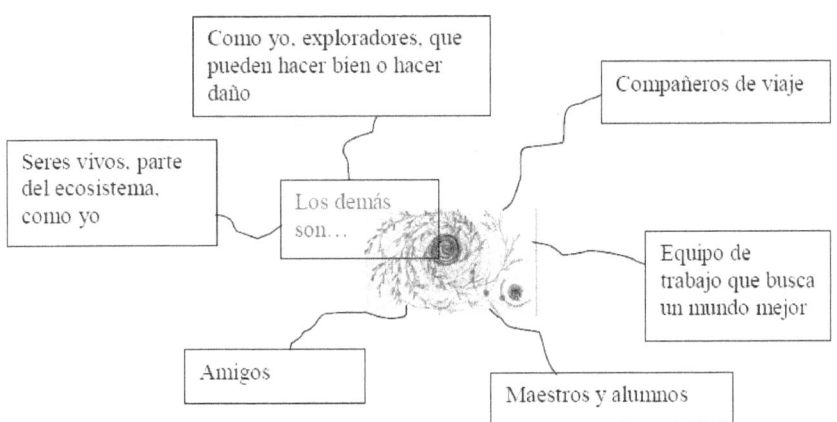

¿Qué es la naturaleza?

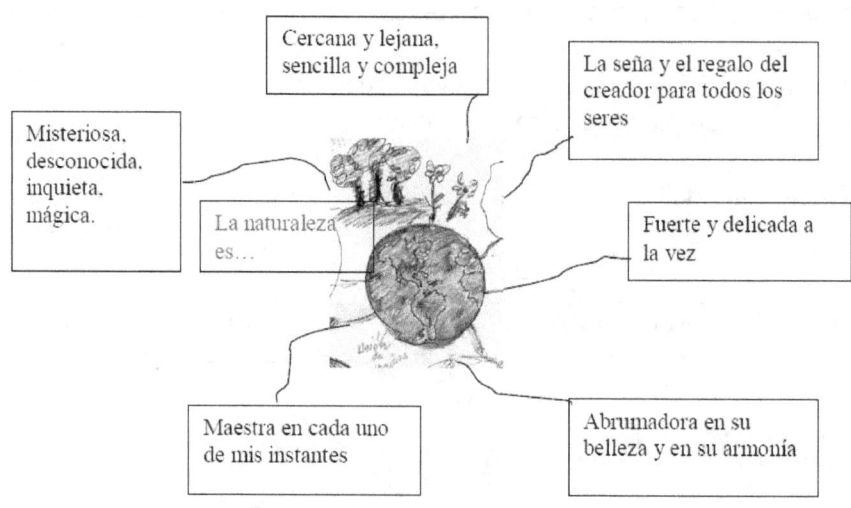

¿Cómo me aproximo al medio ambiente?

¿Qué tipo de efectos tengo sobre el medio ambiente?

¿Cuáles son mis aciertos, que me hacen sentir orgulloso, en mis relaciones con la naturaleza?

¿Cuáles son mis errores, que me hacen sentir ganas de mejorar o de cambiar, en mis relaciones con la naturaleza?

¿Cómo se relaciona la forma en que me gano la vida con la naturaleza y con el medio ambiente?

¿Cuáles son las oportunidades que desearías tener para sentirte más armónico y equilibrado en tus relaciones y efectos sobre el medio ambiente?

¿Qué personas o entidades u organizaciones consideras como poco éticas en su comportamiento medio ambiental?

¿Qué personas o entidades u organizaciones consideras como muy éticas en su comportamiento medio ambiental?

¿Cuáles son tus preocupaciones más frecuentes en relación con el medio ambiente y cómo las podrías solucionar?

¿Cuáles son tus grandes fortalezas éticas medioambientales?

¿Cuáles son tus principales propósitos medioambientales?

Si te correspondiera adjudicar un premio por acciones relativas al medio ambiente, ¿A qué tipo de acciones lo adjudicarías?

¿Acerca de qué tienes miedo en relación con el medio ambiente?

¿Cuáles cosas consideras como prioritarias con relación al medio ambiente?

¿Qué es lo que más te duele en relación con el medio ambiente?

¿A qué te podrías comprometer con relación al medio ambiente?

Si tuvieras poder creativo para ello, ¿Cómo te diseñarías a ti mismo, a los demás, a la sociedad, en lo relativo a las relaciones con el medio ambiente?

Plantea algunas preguntas adicionales.

La importancia de escribir

Hay que resaltar el enorme impacto personal y grupal que se experimenta cuando escribimos. Escribir es un importante acto de creatividad y de libertad personales, una importante ocasión para explorar los mundos de nuestras ideas y de nuestras experiencias y para plantearse principios de vida y examinar sus consecuencias prácticas.

En algún momento escribe un ensayo, haz un dibujo, escribe una poesía, prepara una conferencia, donde plantees tus enfoques sobre tus creencias relativas al medio ambiente.

EL VERDE

El verde es un color bello y singular
está en el medio de la luz inmensa.
Oscila entre chispas de brillante paz
y mueve los hilos de la pura esencia.

En la verde hierba se anima la tierra
y los gases se van volviendo vida.
Se enlazan el fuego, el agua y la fuerza
en flujo constante que nunca termina.

El verde es la huella digital del sol
que deja su marca en bosques y mares.
El verde es sin duda la seña de Dios,
vibrante presencia de formas vitales

4. UN MANEJO PROPIO DE NUESTRAS RELACIONES CON EL MEDIO AMBIENTE

Muchas de las ideas que tenemos sobre el medio ambiente, sobre nosotros mismos y sobre los demás no salen de un manejo propio y consciente de nuestra creatividad y de nuestra voluntad. Con base en la abundante información de los medios de comunicación, en muy pocos años hemos recibido mucha concientización sobre las graves situaciones medio ambientales y sobre los daños a que hemos sometido al planeta. Hemos pasado, por virtud de la prensa, de las redes sociales y de las comunicaciones, de la indiferencia y la ignorancia a la idea de que otros hacen mucho daño y tienen muy malas intenciones y que nosotros mismos, pobres criaturas perdidas en la selva de los irresponsables poderosos, estamos amenazados. Igualmente estamos inundados de información sobre los derechos humanos, sobre los derechos de los animales, sobre la intolerancia y la violencia. Pero no significa esto que hayamos asumido una clara responsabilidad personal. Más bien ha ocurrido una manipulación ideológica de los hechos, de tal manera que seguimos en la práctica de subscribirnos a corrientes y grupos de pensamiento y de presión, en las cuales se clasifica a las personas y a los hechos en buenos y malos, lo cual nos da una falsa tranquilidad de conciencia, pero sin mayor efecto sobre nuestra realidad personal.

Pienso que es importante despertar la voluntad, evitando que nos quedemos dormidos y manipulados. Cuando nos despertamos, observamos la realidad con nuevos ojos. La idea es llegar hasta el punto en que podamos decidir cómo definir las cosas y sentirse responsable, sin estar esclavizado por las respuestas de los demás.

Desde la Ética del medio ambiente queremos despertar a la libertad de decidir sin miedos, para entrar al mundo respetuoso de la apreciación del entorno, de mi mismo y de los demás por voluntad propia y no por miedo o por forzamiento normativo.

Ejercicios para despertar la capacidad de obrar conscientemente con respecto a mi mismo, a los demás y al entorno.

La idea de estos ejercicios es liberarse de actitud que tenemos de que siempre nos digan lo que tenemos que hacer.

Ejercicio 1 – Caminatas

Sal a caminar en un ambiente natural. Observa cualquier elemento que te llame la atención. Toma una decisión personal y libre sobre cómo lo deseas definir y describir y descríbelo en esa forma.

Ejemplo:
Observar un árbol. Describirlo como un árbol por un par de minutos. Pausa. Describir el mismo árbol como un amigo por otro par de minutos. Pausa. Describirlo como un ser consciente por otros dos minutos. Pausa. Describirlo como un ser en peligro. Describirlo como un ser misterioso. Describirlo como si tú fueras el árbol.

Obsérvate a ti mismo a medida que te vuelves creativo para escoger definiciones. ¿Qué descubres, cómo te sientes, qué te sucede emocionalmente?

Ejercicio 2 – Describir objetos naturales

En un grupo de personas, una de ellas, que asume el papel de conductor del grupo, reparte papeles que tienen cada uno, los nombres de dos diferentes objetos familiares a los miembros del grupo y sacados del entorno. El mismo se queda con uno de los papeles y participa también en el ejercicio.

Por turnos, cada persona selecciona uno de los dos objetos, y sin describirlo en cuanto a su forma ni decir el nombre del objeto a los otros miembros del grupo, dice en voz pausada y clara, cómo se sentiría si fuera ella misma el objeto que ha escogido. Para ello habla en primera persona: yo siento... yo siento... etc. La persona no trata de que los demás adivinen de qué objeto se trata, ni da pistas, ni se preocupa. Simplemente dice cómo se siente ser ese objeto.

Mientras la persona expresa este sentir, los demás observan con atención y aprecio lo que esta persona dice sentir y se identifican con ella, tratando de sentir lo mismo. Al hacer esto, vendrán a la atención de cada uno distintos objetos. Cada quien anota los objetos de los cuales sea consciente y los anota en una hoja de papel a medida que van llegando a su atención.

Cuando la persona ha terminado de expresar su sentir, los demás van diciendo por turnos los nombres de los objetos que fueron anotando a medida que el otro dijo su sentir, hasta que todos intervengan. Finalmente, la persona que ha descrito su sentir, dice el nombre del objeto que estaba sintiendo.

Esto mismo van haciendo todos. En una segunda ronda, las personas trabajan con el segundo objeto que tienen en su papel.

Observar: ¿Qué descubres, cómo te sientes, qué te sucede emocionalmente? ¿Cómo se siente la primera ronda con respecto a la segunda, te sientes libre para escoger, para decidir, para describir o te sientes esclavo de las descripciones o de las formas de describir a las cuales estás acostumbrado?

Describir mediante un escrito o poema es una herramienta excelente.

CANAS Y PELOS VIEJOS

Hermanos somos tú y yo,
unidos por los pelos.
Los tuyos muy elegantes,
tupidos, cubren tu cuerpo.
Los míos son canas blancas,
señales de mis desvelos,
o indicios que me indican
que me estoy volviendo viejo.
Yo me contemplo en tus pelos,
y me siento bien cubierto,
y por un pelo me veo,
tan joven como me pienso.

5. EL ORIGEN DEL COMPORTAMIENTO ÉTICO

De alguna parte sale el comportamiento ético. En alguna parte se sitúa el yo a mirar la realidad con respeto por sí mismo, por el otro, por los seres, por el entorno. Desde allí se siente la compasión, la unidad, el equilibrio y la responsabilidad. Desde allí se está más allá de la crítica pues el yo es el creador. Desde allí se define el yo con miles de definiciones, pudiendo escoger comportamientos.

Esta zona de conciencia debería estar más allá del tiempo, con una sensación de eternidad, de continuo presente. No debería ser moderna, ni dependiente del avance científico, ni de las modas, ni de las ideologías, ni de las épocas. Esta conciencia debería estar fuera del espacio. No es ni americana, ni colombiana, ni europea, ni occidental, ni oriental. La deberíamos sentir en los desiertos y en el mar; en las ciudades y en el campo; en el hogar o en la prisión. No debería ser propiedad de alguien, ni de los buenos ni de los justos, ni de los sabios, ni de los ricos, ni de los pobres.

Para encontrarla, es muy apropiado atreverse a imaginar, intuir, crear y observar, trascendiendo hacia los estados de conciencia superiores y espirituales. La evidencia la encontraremos a través de un proceso de ir más allá de los límites artificiales. Este es el viaje hacia la fuente de la ética, hacia la pureza del comportamiento.

En esta zona sabremos que todo existe porque somos conciencia pura, voluntad que es consciente de la naturaleza, del universo, del vacío, de la nada, de la totalidad. Esa es la fuente del equilibrio natural y del comportamiento ético espontáneo.

Ejercicios para experimentar el estado de conciencia pura y sus efectos.

Estos son ejercicios que funcionan mejor si se hacen con frecuencia regular, ya que liberar a la mente de sus definiciones y limitaciones y trascender hacia la conciencia pura, fuente de la ética pura, es un proceso que se basa en la práctica.

Ejercicio 3 - Meditación

Este es un ejercicio de meditación. La meditación es una excelente herramienta para establecer contacto con la fuente del comportamiento ético. Siéntate cómodamente en un lugar calmado y protegido, donde te sientas tranquilo. Cierra los ojos. No hagas nada especial durante un minuto. Luego observa, con los ojos cerrados, tu respiración. No hagas fuerza ni trates de concentrarte. Simplemente observa cómo respiras.

Haz esto durante 10 a 20 minutos. Simplemente observa tu respiración. Si te distraes y dejas de observarla, y te das cuenta de ello, suavemente, sin esfuerzo, vuelve a poner tu atención en la respiración. Cuando te vengan pensamientos o ideas y te des cuenta de ello, suavemente, sin esfuerzo, vuelve a poner tu atención en la respiración.

Al terminar el tiempo, deja de observar la respiración durante un par de minutos y abre los ojos muy despacio y regresa a la actividad.

La práctica de este ejercicio dos veces al día, te abrirá las puertas de la conciencia y de la ética pura.

Igualmente, la práctica regular de técnicas de meditación es adecuada para lograr este propósito vital.

Es bueno observarse a uno mismo y volver a trabajar el tema de las ideas personales y el medio ambiente luego de practicar ejercicios de meditación durante varias semanas.

Ejercicio 4 – Meditación con los sentidos

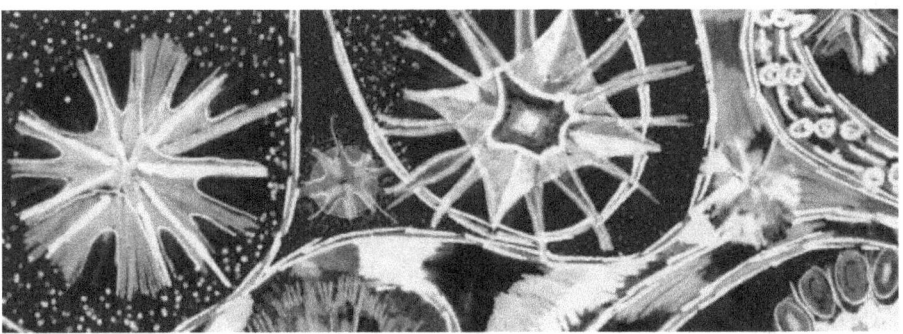

En un grupo de personas, una de ellas, que asume el papel de conductor del grupo y que haya practicado durante cierto tiempo el ejercicio tres u otra técnica similar, dirige a los demás en la siguiente meditación, utilizando una voz suave y pausada y sin involucrarse ella misma:

Siente los sonidos que te están rodeando.... pausa.

Siente sonidos un poco más lejanos .... pausa.

Siente sonidos todavía un poco más lejanos .... pausa.

Siente sonidos más y más lejanos .... pausa un poco más larga.

Ahora, siente los sonidos de tu cuerpo ... pausa.

Siente sonidos un poco más íntimos .... pausa

Siente sonidos más y más internos, más y más íntimos .... pausa

Siente los sonidos más callados de tu cuerpo .... pausa un poco más larga.

Siente en simultáneo los sonidos más callados de tu cuerpo y los sentidos más lejanos de tu ambiente.... pausa

Ahora, siente como se siente, sin esfuerzo, el ser únicamente la voluntad consciente omnipresente. Voluntad consciente, conciencia pura, balance perfecto, despierto en medio del vacío...pausa larga.

Lentamente, regresa ... pausa.

Termina el ejercicio.

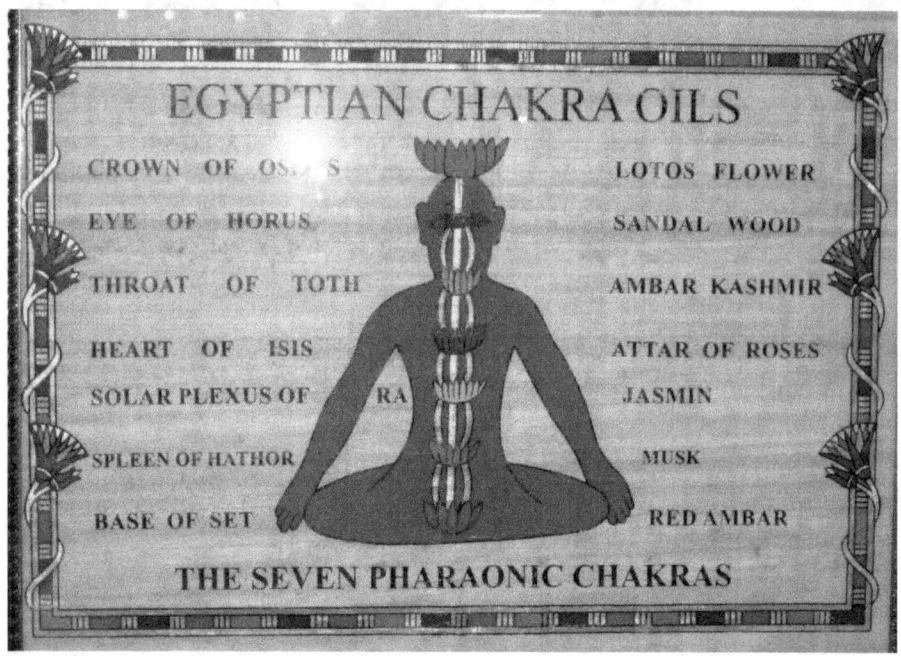

Desde la antigüedad, el cuerpo se ha explorado como una representación real de la naturaleza. La meditación ayuda a identificar esos espacios de unidad, que originan una actitud respetuosa y equilibrada.

6. APRECIO Y ATENCION HACIA EL MEDIO

El comportamiento ético hacia el medio ambiente, está muy relacionado con nuestra capacidad de aprecio y de reconocimiento de los demás y de nuestro entorno. Esta capacidad depende de nuestra atención y aprecio y de la calidad de nuestra atención.

Cuando ponemos atención sobre algo, nos extendemos hacia eso. Observamos algo y al observar, nos extendemos hacia el objeto, nos sentimos cercanos, íntimos inclusive, dependiendo de la calidad de nuestra atención. Naturalmente que la atención tiene un límite y cuando satisfacemos la curiosidad o algún otro objeto nos atrae, nuestra atención se desvía de lo que estábamos observando, de lo que escuchábamos, de los que tocábamos y se mueve hacia otro objeto. Cuando ponemos atención las cosas existen, son reales para nosotros. Si observamos este proceso con cuidado, vemos claramente que la atención está muy relacionada con nuestra energía creadora, con nuestro potencial de cambio, con nuestra capacidad para jugar con puntos de vista y para tener nuevas perspectivas.

Entonces la realidad es avivada por la atención. La atención es la energía creadora tanto de nuestra propia conciencia (de nuestro tejido de ideas) como del universo (la visión que tenemos del medio ambiente, de la naturaleza). Por medio de la atención sobre nuestras intenciones, los pensamientos que tenemos se convierten en percepciones y nuestras palabras se vuelven cosa real, universo.

Cuando nuestra voluntad está libre y despierta, tenemos también la libertad de decidir colocar, cambiar o quitar la atención de los objetos, de enfocarla. Al final, nuestra falta de atención da lugar a problemas en las relaciones con los demás, con nosotros mismos o con el medio ambiente. La falta de atención es entrópica, crea desorden, es el origen de los desastres y de los daños.

Ejercicios para adquirir dominio del manejo de la atención

Nuestra atención tiende a ser atrapada por los objetos y a volverse muy dura y muy material, con lo cual perdemos poder sobre su manejo. Por ello es bueno flexibilizarla, jugando con los objetos, aprovechando la enorme variedad de las formas naturales, la infinita riqueza de la vida, de los objetos que nos rodean. En este sentido la naturaleza es maestra, siempre y cuando le prestemos atención.

Ejercicio 6 (Adaptado de Harry Palmer) – Las formas naturales

Da una caminada o deja que tu mirada se pose sobre los elementos de tu entorno y "cuenta formas" de distintos objetos y cosas hasta que sientas que tu pensar disminuye y se pierde y el mundo de las infinitas formas te ilumine y te sientas alucinado.

"Contar formas" es recorrer la forma, contorno o límite de un objeto.

Haz este ejercicio con frecuencia, mientras esperas en una fila, o paseas, o viajas en un bus, o descansas entre actividades.

SORPRESAS

¿De dónde sale la vida
en esta playa aislada,
sin que nadie siembre nada?
Sorpresas de creador.
Asombros de observador.

Ejercicios 7 – Sentir la naturaleza

Ejercicio 7a
Siente sonidos a tu alrededor y nota cada sonido que logres distinguir. Haz esto hasta que tu mundo de sonidos te sorprenda de verdad.

Ejercicio 7b
Siéntate a comer, mastica muy lentamente y saborea cada alimento distinguiendo y dándote cuenta de los sabores que distingas, hasta que tu mundo de sabores se sienta más sabroso.

Ejercicio 7c
Siente aromas en un paseo que des por un jardín, y recoge cada aroma que logres distinguir. Haz esto hasta que tu mundo de aromas se sienta más embriagador.

Ejercicio 7d
Siéntate en un lugar abierto y siente las cosas que tocas o te tocan y registra cada toque que logres distinguir. Haz esto hasta que tu mundo de sensaciones se sienta inmenso.

Ejercicio 7e
Sube a una montaña o a un edificio alto y observa objetos, colores, detalles, sombras y contrastes a tu alrededor y observa cada detalle y forma que logres distinguir. Haz esto hasta que tu mundo visual se sienta muy amplio, diverso y abundante.

Ejercicio 7f
Párate en una esquina donde haya mucho flujo de personas y pon atención a cada persona que logres distinguir. Haz esto hasta que tu mundo personal se amplíe mucho.

7. CONTEMPLACIÓN DE IDEAS Y ÉTICA DEL MEDIO AMBIENTE

La flexibilidad mental y la habilidad para observar las cosas desde distintos puntos de vista son vitales para liberarse de la manipulación ideológica y para tener una visión autónoma, compasiva, libre y equilibrada. Esta habilidad se desarrolla mediante la contemplación atenta y desprevenida.

Contemplar significa estudiar algo con cuidado, observarlo e imaginarlo desde diferentes ángulos y puntos de vista. Se hace repetidamente por cierto tiempo, en un proceso recurrente: primero ponemos atención sobre el problema, la pregunta o el concepto respectivo y luego, después de algunos minutos, soltamos la atención y la cambiamos hacia algo diferente. Este proceso se repite y ello da lugar a nuevas posibilidades, vamos avanzando hacia mayor inteligencia ya aprecio, hasta lograr percepciones más valiosas e integrales, hacia visiones más intuitivas y amorosas, hacia mayor unidad y comprensión. Esta es una forma de evolucionar desde los modos de conciencia asociados con el pensamiento y los recuerdos hacia los modos de funcionamiento superiores. Se estimulan así la creatividad, la intuición, la imaginación y el aprecio atento.

Por ello la contemplación lo puede llevar a uno más allá de la conciencia pensante normal y familiar, hacia diferentes niveles de conciencia, hasta llegar a percepciones insospechadas donde uno siente que está en contacto con todas las experiencias de vida.

Hablando de niveles de conciencia evolucionados, se tienen los siguientes:

Conciencia Cósmica: Capacidad para sentir cercanía y aprecio por la naturaleza, por todos los seres, por la humanidad y por el universo. Capacidad de identificación con todo lo que nos rodea.

Conciencia Creativa: Capacidad para experimentar altos niveles de responsabilidad personal, para sentirse creador, para asumir tareas y para soñar con un mundo mejor, siendo protagonista. Capacidad para darse cuenta de los niveles creativos en la naturaleza.

Conciencia de Unidad: Capacidad para sentirse identificado con la totalidad, para apreciar y para amar.

De modo similar, las discusiones de grupo exploran una idea desde diferentes ángulos y puntos de vista. Cuando los participantes están compenetrados y se desprenden de sus miedos y egoísmos, se crea un efecto de sinergia y la atención colectiva logra percepciones, comprensiones e intuiciones de gran calidad. Esto es vital para llegar a acuerdos efectivos y apreciativos sobre las relaciones sociales y medio ambientales.

La metodología ya explicada en el apartado sobre trabajo en grupo efectivo está diseñada con base en los principios anteriores.

Ejercicios para alcanzar percepciones insospechadas y para flexibilizar los puntos de vista.

Cuando surjan preguntas cuyas respuestas deseemos someter a contemplación creativa, aconsejo trabajarlas utilizando la técnica del mapa mental. En el centro del mapa se coloca la pregunta y en los ramales las distintas respuestas que van surgiendo como resultado de las contemplaciones y las discusiones. En otra hoja del mapa se puede colocar la síntesis resultante. Es muy enriquecedor trabajar las preguntas en grupo, pero si no se cuenta con un grupo se pueden trabajar de forma individual.

Ejercicio 8 – Búsqueda de respuestas creativas

Aplica la técnica de contemplación y formación de ideas a las siguientes preguntas:

- ¿Quién soy y quiénes somos?
- ¿Qué es la naturaleza?
- ¿Cómo se originan mis experiencias hacia el medio ambiente?
- ¿De dónde salen mis creencias e ideas sobre el medio ambiente?
- ¿Qué es el entorno?
- ¿En qué nos estamos equivocando en relación con el manejo del medio ambiente?
- ¿En qué estamos acertando en relación con el manejo del medio ambiente?

Una vez hecho el proceso de contemplación y formación de ideas, selecciona dos de las preguntas que hayas trabajado y escribe un ensayo, cuento o poesía o haz un dibujo relacionado.

LA SENDA RESPETUOSA

No es fácil para el hombre
caminar entre zarzales
ni atravesar entre breñas
y tupidos matorrales.

Por eso con su herramienta
abre pasos y caminos,
para llegar a su meta,
hace cualquier desatino.

Avanza, destruye, avanza,
tumba, aplana, conquista,
y sin verdes y de grises
se va llenando su vista.
Bienvenidos los senderos
amistosos y serenos,
diseñados con respeto
por el mundo y sus misterios.

Ejercicio 9 – En busca de la esencia

Mediante la técnica de contemplación y formación de ideas descrita, escoge 5 preguntas que consideres como claves para entender aspectos fundamentales de las relaciones con los demás y con el medio ambiente. Una vez hecho esto, trabájalas y haz un ensayo con base en los resultados obtenidos

Sugerencia: Considera temas relacionados con el manejo de desechos, el desarrollo, el futuro, los costos y beneficios, la tecnología y la ciencia, la ética, las normas, le educación, la investigación.

El calor

El clima está cambiando y los días y las noches son más y más calientes. Muchos se quejan, sudan, se sofocan y se sienten agobiados. Algunos buscan espacios de aire acondicionado. Yo recuerdo la ciudad de mi niñez, la Medellín de 24 grados, la de la eterna y fresca primavera, que no tenía aires acondicionados; la tacita de plata de 30.000 carros y la comparo con esta ciudad ardiente, de más de 30 grados y 500.000 carros y edificios inteligentes con salones acondicionados. Aires acondicionados y carros que producen calores, calores abundantes que se sienten, que calientan y que se sentirá cada vez más. Por mi parte, he decido aceptar el calor, sentir este calor como la nueva realidad y al hacerlo siento la frescura mental de mi aceptación, siento que no me agobio, que este sabio cuerpo sabe mejor que yo cómo navegar por el inevitable calentamiento.

Pero también he escrito, investigado y publicado sobre estos asuntos del calor en nuestra ciudad.

8. GENERACIÓN DE LA CAPACIDAD PARA IMAGINAR, INTUIR, CREAR Y OBSERVAR.

Para alcanzar la capacidad de ser voluntad consciente, fuente del obrar ético libre de manipulación e ideologías, es importante fluir. Ello se logra liberando la atención. En los temas de la ética medio ambiental, la atención muchas veces es combinada con opiniones, con críticas y con juicios y se vuelve emocional.

Ocurre que grupos de personas se dedican a enfatizar la atención sobre zonas de la realidad, conformando así grupos de presión que son capaces de llegar hasta destruir la realidad con el pretexto de protegerla.

Por el contrario, existe la posibilidad de observar con atención pura. La atención pura simplemente observa, sin reacciones emocionales.

Cuando la atención se fija obsesivamente sobre un tema, ya sea por manipulación o por decisión propia, se pierde la capacidad para considerar opciones, para apreciar a los demás y sus opiniones, para contemplar otros temas o posibilidades y para discutir productivamente. En tales condiciones se dificulta imaginar, crear, intuir, observar, contemplar y apreciar. Este estado puede llegar hasta el agotamiento de la atención. La persona y los grupos de personas se pueden volver sensibles y agresivos.

Es bueno preguntarse sobre la importancia real de los temas en cuestión y seguir profundizando más preguntándose qué es lo realmente importante de tal importancia. En ese proceso seguramente vamos a descubrir que la importancia no pertenece realmente a los temas, sino más bien a nuestra mente, a nuestro enfoque.

Puede ser sorprendente o puede que no te guste mucho aceptarlo, dadas las fuerte ideas prevalentes, pero esto sucede también para los graves temas de la ética medio ambiental. Esta es una de las claves de la libertad de acción y de la liberación de la culpa resultantes de asumir la responsabilidad personal, en vez de enfocarse solamente en los centros de atención inflexibles, casi sagrados, creados por los demás.

Ejercicio para descubrir el orden de importancia que tú asignas en tu vida a los temas relacionados con los demás y el medio ambiente.

Es bueno categorizar las cosas de la vida, de forma que uno le dé importancia de forma personal y consciente a aquellas cosas más esenciales y no tanto a los aspectos accidentales. El ejercicio siguiente te ayudará a descubrir por dónde está tu zona de autodeterminación y te dará aumento en tu responsabilidad y en tu sentido de compromiso efectivo.

Ejercicio 10 – Evaluación de la importancia

Haz un mapa mental con eventos o proyectos tuyos o de la gente que tú conoces, enfocados al medio ambiente a los cuales has dedicado atención recientemente (en los dos últimos años, por ejemplo). Coloca en el centro del mapa mental un dibujo alusivo al tema general de la importancia.

Atrévete a evaluar los elementos incluidos en tu mapa con un valor de acuerdo a la importancia que crees que tiene, por ejemplo, 10 muy importante; 1 nada importante.

Luego asígnale a cada elemento un valor de acuerdo a cuánto se aproxima al estado ideal que quisieras que tuviera. 10 Nivel muy perfecto; 1 Nivel muy inadecuado.

Para que sea más real la evaluación, asígnale a cada elemento de tu lista un valor de acuerdo al tiempo que le has invertido recientemente 10 mucho tiempo; 1 Muy poco tiempo.

Escribe luego un ensayo sobre la importancia real de las cosas en los temas del medio ambiente.

Ejercicio 11 – Descripción para liberar y crear

Escoge un área que consideres sensible de tus relaciones con el medio ambiente. Puede ser un problema que te tiene preocupado, una molestia, algo que te indigna o te duele, una rabia o una emoción negativa, una falta de ideas o de creatividad.

Para el área seleccionada, alterna recurrentemente en la siguiente forma: Describe el área sensible o problema de modo que sientas que tu atención está enfocada en él o ella. Luego, describe algo de tu entorno hasta que sientas que tu atención se ha salido del área sensible o problema. Repite este proceso una y otra vez hasta que descubras algo que valga la pena, algo que da nueva energía, mayor responsabilidad, enfoque.

El ejercicio en grupo

Cuando nos enfrentamos en grupo a los temas medio ambientales se van a generar casi seguramente complejas situaciones originadas en las distintas opiniones y formas de ver las cosas. Se puede llegar a la desunión del grupo y a la pérdida de efectividad en el trabajo.

Ofrezco el ejercicio anterior, hecho en grupo, como una técnica muy efectiva para poner sobre la mesa las diferencias. Esto se hace cuando en una reunión cada uno va aportando descripciones del problema y de objetos del entorno. Esto se hace sin interrumpir, en forma paciente y tranquila, escuchando con cariño y aceptación, sin meterse en las descripciones de la persona que está aportando, sin contradecirla, sin aconsejarla, sin hacer interpretaciones.

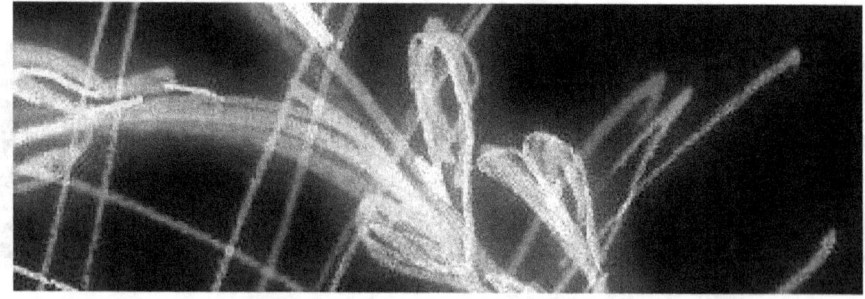

9. LAS RESPUESTAS PERSONALES Y LA ÉTICA

La conciencia pura es la fuente real de la atención de alta calidad, aquella que nos hace ser apreciativos, responsables, éticos. El ser en contacto con la conciencia pura carece de egoísmo, es compasivo, es responsable y pierde la tendencia a criticar, está libre de juicios, se convierte en un testigo sereno que ilumina la escena. Cuando somos capaces de pararnos en este punto de vista, caracterizado por la compasión y el aprecio por los demás, por la responsabilidad y por la carencia de juicios, estamos en la posesión de una ética del medio ambiente pura.

Las búsquedas de la fama, de la riqueza y del poder surgen como consecuencia cuando las personas están muy alejadas de la conciencia pura. En este sentido se puede entender el materialismo desaforado y sus secuelas dañinas sobre el medio ambiente, sobre uno mismo y sobre los demás, como una consecuencia de la pérdida de conexión con la conciencia pura, con el ser ético.

A veces se imponen otros modos de conciencia aún más inferiores y la desconexión con la conciencia pura y la ética del medio ambiente es mayor. El poder enorme de los medios de comunicación y del consumismo es una manifestación de estas tendencias. Aún en casos más extremos se llega a comportamientos muy antisociales, criminales, destructivos y se pierde casi toda conciencia de unidad entre nosotros y la naturaleza.

En medio de estos comportamientos en general poco responsables, cargados de emoción y de egoísmo, llenos de agresividad, se ha generado el sistema de vida que conocemos, que en el fondo es creación de todos nosotros. Es una creación mejorable, que podría ser mucho más armoniosa con nosotros mismos, con los demás y con el medio ambiente. Afortunadamente tenemos la energía a nuestro alcance, en nuestro propio ser ético, rico en atención de alta calidad: compasiva, responsable, libre de juicios. Los ejercicios que proponemos facilitan el viaje hacia esa zona altamente energética.

Ejercicio para visualizarnos

Es interesante que contemplemos nuestra respuesta personal ante las cosas. Está compuesta por las ideas y las creencias que tenemos y puede ser flexible o rígida, real o imaginada, propia o prestada, producto de trabajo consciente personal o de adoctrinamiento. El siguiente ejercicio ayudará en esa contemplación personal.

Ejercicio 12 – La descripción de uno mismo

Haz un mapa mental de ti mismo. En el centro haz un auto retrato y colócalo encerrado en un círculo, con todos los nombres que tu recuerdas que los demás te han dado durante toda tu vida, encerrados dentro de ese círculo.

En los ramales del mapa, coloca al menos unas veinte frases sobre ti mismo que reflejen tu historia personal, tu modo de ser, tus ideales.

Terminado el trabajo, adórnalo con colores y dibujos. Contempla tu mapa y medita sobre la creación que has hecho de ti mismo. ¿Qué tan abierta tiene tu creación la ventana hacia el ser puro? ¿Qué tan compasivo, apreciativo de los demás y del entorno te sientes? ¿Qué tan responsable de todo te sientes? ¿Te sientes equilibrado y calmado o lleno de emociones conflictivas y críticas hacia ti mismo y hacia los demás? ¿Cómo te ves en cuanto a la naturaleza, a la vida, a los recursos?

Ejercicio 13 – La descripción de nuestros mundos

En grupo, hagamos un mapa mental sobre el mundo, sobre nuestro país sobre nuestra región o sobre nuestra institución o grupo humano.

En el centro hagan un símbolo de la entidad escogida y colóquenlo encerrado en un círculo, con todos los nombres que recuerdan y que históricamente se le ha dado por las gentes a la entidad, encerrados dentro de ese círculo.

En los ramales del mapa, coloquen, utilizando la técnica ya explicada de trabajo en grupo, al menos unas veinte frases sobre la entidad, que reflejen ideales de alta calidad, cercanos al ser ético.

Al terminar, observen, todos, la creación que han visualizado y admírenla.

Elabora un mapa mental de tu persona, para que seas más real.

10. ATENCION, CUERPO Y ENTORNO FÍSICO

El cuerpo requiere de atención para sostenerlo. Si esto no sucede su estado general de salud se va sentir afectado. Es bien sabido que es importante darle al cuerpo la atención que necesita por medio de masajes suaves, tocándolo, acariciándolo, etc., ya que ello ayuda a restablecer la salud.

El concepto anterior se extiende sin duda al entorno físico y constituye una ruta directa hacia la armonía medio ambiental.

El entorno físico en buena parte es nuestra propia creación, ya que somos como mínimo, co-creadores de la realidad y como toda creación, requiere atención para sostenerlo. Desde otro punto de vista, nuestra tierra es Gaia, el ser vivo del cual somos parte. Somos fuente de atención para nuestro entorno y somos vehículos para que nosotros y todos bebamos de las conexiones con el espíritu que lo habita.

Cuando nuestro propio cuerpo/ser vivo Gaia/Nosotros, no obtiene atención que lo nutra, su estado general de salud se resentirá. Vendrán la contaminación, las inundaciones, la desertificación, la salinidad de las aguas, el calentamiento global y el hambre. Mientras más pura la atención (compasiva, responsable, sin juicios), más saludable será todo para este cuerpo tan especial Gaia/Nosotros. Darle la atención que necesita por medio de un trato suave, tocándolo con amor, acariciándolo con confianza, viviendo de él con humildad y respeto, sin sobrepasar los límites, ayudará a restablecer la salud. Darle atención mezclada con críticas (pensamiento agresivo ideológico despreciativo del pensar de los demás) o con deseos irresponsables (emociones de poder, de dominio) es perjudicial para el conjunto Gaia/Nosotros.

Ejercicios para adquirir respeto por el cuerpo y el entorno.

Atrévete a bosquejar la naturaleza. Te sentirás así más cercano a ella

Ejercicio 14 – Viajes de contacto

Solo o en grupo, sube a una montaña, o ve a la orilla de un río, de un lago o del mar, o visita un jardín.

Durante 30 minutos enfoca tu atención y la del grupo en el ambiente que allí existe. Tóquenlo y acarícienlo mentalmente. Si están en grupo, que cada quien diga, por turnos, una frase valorando los elementos presentes, con un estado de ánimo nutritivo y cariñoso. Sean amorosos e indulgentes. No se dediquen a resaltar los defectos, ni a criticar ni a señalar culpables ni a sentirse culpables.

Ahora enfoquen por turnos el oído, el tacto, la vista, el gusto y el olfato. Cada miembro del grupo señale aspectos sensoriales y resalte las maravillas del entorno.

Finalmente tómense de las manos en círculo, cierren los ojos, miren al sol y visualicen un ambiente de armonía entre la humanidad y Gaia/Nosotros por unos minutos.

Haz este ejercicio al menos una vez al mes para que nutras tu cuerpo cósmico. Irá creciendo tu conciencia de grupo y del entorno.

11. HACIA UNA VISIÓN REAL

En la raíz de los problemas que tenemos con el medio ambiente, con nosotros mismos y con los demás, está nuestra falta de conciencia sobre la verdadera naturaleza que tenemos, sobre el valor de los demás, sobre la maravilla de la existencia, sobre el significado del medio ambiente, sobre la naturaleza de Gaia/Nosotros.

Todos nacimos con una chispa de divinidad. Todos, no solamente los inteligentes. Todos, no solamente los de nuestra región. Todos, no solamente los buenos. Todos, no solamente los que tienen empleo. Todos, no solamente los que tienen educación. Todos, no solamente los ricos. Todos, no solamente los pobres.

Cuando esta chispa surge cooperamos y nos volvemos reales unos con otros. Nuestro ser ético está en el centro mismo del brillar de la chispa divina. Podemos ver que ello ocurre naturalmente cuando suceden tragedias colectivas. Podemos estimular estos comportamientos nobles y sabios intencionalmente.

Igualmente, cuando la chispa se apaga nos sentimos alejados e indiferentes, como si no tuviéramos nada que ver y el egoísmo y los aspectos dañinos de nuestra naturaleza aparecen y toman fuerza. Los conflictos, las peleas, el miedo y la desconfianza se vuelven comunes. El deterioro y el irrespeto medio ambiental aparecen y dominan.

Con la ética del medio ambiente queremos que brillen todas las chispas divinas. Contribuiremos a que desaparezcan las intenciones ocultas que se manifiestan en daños ambientales y en situaciones de conflicto: Botamos la basura a escondidas; ocultamos la información y hacemos trampa; armamos las normas en secreto, sin que nadie opine o se dé cuenta; creamos las cosas a escondidas; hacemos la planeación en pequeños grupos privilegiados, aprobamos los proyectos y los imponemos. Evitamos el trabajo abierto en grupo. Hacemos los inventos a escondidas, que nadie se dé cuenta y los robe. Buscamos la chiva periodística. Nos comunicamos confusamente y nadie sabe realmente qué es lo que pasa.

Si dejamos salir a la superficie, sin ocultarlo, nuestro ser ético, podemos reversar esos comportamientos y tomar la decisión de ser reales, leales a nuestra naturaleza esencial, para que lo divino en nuestro interior despierte y crezca. Se restablece el balance y surge la fuerza natural para obrar en armonía, reparando inclusive el daño que se haya hecho, sin que ello traiga la culpa a la vida.

Ejercicios para desprenderse de culpas y secretos y para desarrollar la integridad y la realidad personal.

Soltar los secretos y la culpa, es, en esencia, recuperar la unidad y darse una nueva oportunidad, crearse de nuevo, redefinirse.

La Iglesia Católica nos ofrece la confesión como una herramienta efectiva para recibir el perdón y la gracia de una nueva vida. Funciona bien, como tantos lo saben y como lo ilustra bellamente la película Juana de Arco.

La escucha activa de uno hacia otro es otra excelente herramienta para crearse uno de nuevo. En la escucha activa, uno oye lo que otro le dice sin intervenir, sin acosar, dejando que el otro hable y explique su tema, poniendo cariñosa atención. Cuando el otro termina de hablar, uno le hace el reflejo, repite con otras palabras lo dicho, para que el que ha hablado se escuche de nuevo a través de uno. Lo hace sin aconsejar, sin regañar, sin hacer sentir mal al otro. Luego le hace un reconocimiento por haber tenido la capacidad de contar sus cosas con confianza. Esta sencilla herramienta es muy buena.

Pero las personas no siempre están dispuestas a contar a otros sus cosas o sus secretos o no se cuenta con el tiempo o con la persona que lo quiera escuchar a uno.

El ejercicio siguiente es muy interesante pues no necesita uno de otra persona, si bien se puede hacer en grupo, pero cada persona lo hace individualmente dentro del grupo. Puede ser hecho en cualquier lugar. Se puede hacer con relación a la vida de uno, con relación a una situación específica o con relación a otra persona, o con relación a un problema.

Ejercicio 15 (Adaptado de Harry Palmer [1]) – El perdón

Caminata de la unificación

Escoge un lugar en el cual puedas caminar en una dirección dada con tranquilidad durante por lo menos cinco minutos. Funciona muy bien subiendo por un camino, por un sendero en un bosque. Pero también se puede hacer en la casa.

Para comenzar escoge una dirección y un destino

Con cada paso que des en la dirección a tu destino, trae a tu atención una acción que hayas hecho, un pensamiento o intención que hayas tenido que estuvo motivado por el miedo, por el dolor, por la rabia, por la pelea, por el pasado o por emociones negativas. Vale la pena trabajar hechos u omisiones que estés renuente a expresar o que te hagan sentir culpa.

Cuando estés en tu destino, quédate un rato en silencio y contempla cómo ha sido el transcurrir del tiempo.

Ahora vas a regresar a tu punto de partida. Por cada paso que hagas de regreso, piensa en alguien y exprésale con tu mente y con tus intenciones un bello deseo a esa persona

Al llegar a tu punto de partida, ten la sensación de que eres libre y experimenta lo que veas a tu alrededor con genuina apreciación, incluyendo a las personas, a los sonidos, a los objetos. Siente que vives el momento presente a plenitud.

Ejercicio 16 - Unificación con el medio ambiente

Selecciona un tema que te inquiete sobre el medio ambiente, con relación al cual sientas culpas o rabia o sobre el cual estés lleno de crítica o de preocupación.

Sigue la rutina del ejercicio 15 anterior. Por cada paso que des hacia el destino, elabora frases que expresen tus sentimientos de duda, culpa, crítica, preocupación o rabia con relación al tema.

Al llegar a tu destino, contempla tu historia personal con relación al medio ambiente. Observa tu presente e imagínate tu futuro.

Al regresar, por cada paso que des, comprométete con una pequeña acción hacia el bienestar del medio o de los demás, de la cual te sientas satisfecho.

Al llegar a tu punto de partida, ten la impresión de que estás en capacidad de comprometerte de manera equilibrada con la naturaleza y con los demás, limpio de sentimientos negativos y lleno de esperanza.

Ejercicio 17 - Hacia un compromiso medio ambiental en grupo

Este ejercicio se aplica a un grupo de personas que quieran compartir sus preocupaciones comunes por un tema relacionado con la sociedad o con el ambiente.

Se trabaja aplicando la técnica de trabajo en grupo ya descrita. El grupo se reúne en un lugar agradable y sugestivo. Se elige un tiempo límite. Por turnos, cada uno expresa un sentimiento de preocupación, de culpa, de crítica o de miedo en relación con el tema. Todos escuchan con atención y nadie interrumpe o toma nota.

Al llegar al tiempo límite, todos se quedan callados por unos minutos y contemplan sus recuerdos de todo lo dicho y en silencio, lo ponen en contexto con su propia historia personal sobre el tema.

De regreso, por turnos y hasta completar otro intervalo de tiempo definido, cada uno aporta una solución sencilla al tema considerado, tratando en lo posible de que incluya acciones que comprometan al grupo o al que la expresa.

Al terminar el intervalo de tiempo, todos se dejan llevar por un sentimiento de compromiso responsable, compasivo y alegre ante el problema y lo celebran tomándose de las manos.

REGRESO A PUERTO SEGURO

Toda jornada aventurera
cargada de emociones
termina en forma perfecta
con un regreso sin dolores.

Son excitantes las olas,
y desafiante el bamboleo,
viajando a mares abiertos,
embriagado con el cielo.

Pasa el tiempo y disfrutas,
pero sueñas en secreto
con la firme tierra firme
donde no existe el mareo.

Ejercicio 18 - Hacia momentos de verdad

Este ejercicio está concebido para reconocer el nivel de compromiso que tenemos hacia la naturaleza, hacia los demás y hacia el medio ambiente.

- Anota daños que los demás han hecho al medio ambiente. Contempla: ¿Ha ocurrido que tú y tus grupos también hacen estos daños?
- ¿Cuáles son tus mayores logros hacia tu ambiente y en qué medida sientes la necesidad de que los demás crean que tú estás de verdad comprometido?

- Haz una lista de temas relacionados con la sociedad o el medio ambiente en los cuales estés involucrado de manera consciente y responsable.
- Has una lista de varias personas u organizaciones que sientes que están manejando de modo irresponsables sus relaciones con la sociedad o con el medio ambiente. Contempla: ¿Crees que serías capaz de trabajar con ellas en la solución de los problemas?

12. CAMBIOS DE PUNTOS DE VISTA

Nos debemos atreve a cambiar las cosas, pero primero debemos ensayar nuestra capacidad personal para cambiar nuestros propios puntos de vista. Es posible que así no se cambie el mundo, pero vamos a estar en una mejor actitud y capacidad para logar estos cambios en el mundo cuando se dé la ocasión. Esto es aplicable tanto para la vida personal como para el logro de un manejo ético del medio ambiente y del desarrollo sostenible.

Si nos vemos como potencial de la realidad, como creadores de la realidad, estaremos en capacidad de cambiar de punto de vista. Igualmente, el ser comunitario debe sentir su esencia de fuente de los problemas y de las soluciones. Esta es la autoestima necesaria para resolver las situaciones.

Ejercicios para examinar distintos puntos de vista

La rigidez hace compleja las situaciones y conduce a la tensión y al sufrimiento. Los ejercicios siguientes buscan ampliar las perspectivas.

Ejercicio 19 - Perspectiva

Camina al menos durante 20 minutos. En tu caminar observa cosas pequeñas; observa cosas grandes. Observa cosas lejanas; observa cosas cercanas. Observa cosas duras: observa cosas blandas. Observa cosas que te atraigan por su belleza, observa cosas que te parezcan feas.

LA VENTANA

Cuando abro las ventanas de mi casa
el paisaje la penetra
y se ilumina bellamente ni morada.

Cuando abro atentamente mis ojos
el paisaje me refresca
y me lleno de energía renovada.

Cuando reposo en esa silla sugestiva
el descanso me serena
y me lleno de ilusiones y confianza.

Cuando salgo y recorro los caminos
el paisaje se me acerca
y me da sabiduría apasionada.

Ejercicio 20 – Perspectiva tomando distancia

Sube a una colina o a un edificio de tu ciudad. Desde allí, permanece media hora observando cosas admirables y cosas menos agradables. A cada cosa admirable, obsérvale aspectos no tan buenos; A cada cosa que no consideres agradable, obsérvale aspectos admirables.

13. ÉTICA AMBIENTAL Y CREENCIAS

Para lograr el desarrollo sostenible puede ser muy importante atreverse a pensar que en realidad vamos a experimentar este estado de desarrollo. Una forma de hacer esto es declarar que creemos en él, porque queremos lograr esa experiencia. Esto contrasta con pensar que apenar podremos creer en él cuando lo experimentemos de verdad. Pero si no lo soñamos y lo visualizamos probablemente no llegará a ser real ya que nadie lo va a crear por nosotros.

Uno puede adoptar una posición de creador o de criatura. Como criatura, uno está dominado por sus circunstancias y por sus experiencias con el mundo. Como creadores, nos atrevemos a pensar que somos la fuente de la realidad. Empezamos a establecer conexiones, a ver patrones. Podemos intuir una realidad más equilibrada y más sostenible, que parte de nuestro propio ser creativo.

¿Entonces de verdad mis experiencias van a ser el efecto de mis ideas, será que mi ser ético y mis creencias éticas sobre el medio ambiente podrán crear experiencias de desarrollo sostenible y de armonía? Es bueno que nos hagamos estas preguntas para que la curiosidad nos ayude a mirar con más detenimiento.

Los ejercicios siguientes están diseñados para explorar las creencias de uno sobre la realidad comunitaria y medio ambiental. La idea detrás de ellos es que todos nos podemos comprometer con la reestructuración de nuestra realidad social y medio ambiental a través de un manejo más consciente de nuestras creencias.

Ejercicio 21 - Ideas que gobiernan nuestro funcionamiento social y medio ambiental

Elabora un mapa mental sobre los siguientes conceptos. Para ello coloca en el centro del mapa una imagen del medio ambiente y forma el mapa con cada uno de los temas que te sugiero, acompañado de un dibujo y de las respuestas a las preguntas e inquietudes señaladas.

Trabaja temas como los siguientes:

- Cómo te ves
- Cómo ves a los demás
- Cómo ves al gobierno en relación con el medio ambiente
- Cómo ves tu trabajo y su relación con el medio ambiente
- Cómo ves tu salud y su relación con el medio ambiente
- Cómo ves el futuro
- Cómo veas las grandes empresas
- Cómo te ves como empresario
- Cómo ves el desarrollo sostenible y cómo te ves en ese sentido
- Cómo ves al desarrollo sostenible y al gobierno

Observa las ideas y creencias que anotaste en el mapa mental y determina si se constituyen en ayuda o en obstáculo para el logro de la armonía colectiva y el desarrollo sostenible.

Piensa ¿De dónde has sacado tus distintas ideas y creencias? ¿Te sientes creador o criatura al expresar las distintas creencias?

Escribe un pequeño ensayo de media a una página sobre tus conclusiones.

La serpiente

Se defiende agresivamente y se revuelca asustada, brinca, se resiste a ser atrapada. Es alargada, grácil, ágil. Pero se cansa y finalmente se queda quieta dentro de una bolsa de papel, a donde la fui llevando con paciencia, con cuidado, con prudencia. Intervine a tiempo, porque la iban a matar. Es una serpiente que se ha extraviado en el sótano de un edificio de ciudad, en medio de los carros de los vecinos. ¿De dónde habrá salido, cómo habrá sobrevivido a los carros, a los gatos, a los muchachos, a los peligros urbanos, al miedo ancestral de los humanos hacia las serpientes? Mientras la llevo en la bolsa para liberarla en el bosquecillo cercano, pienso que esta sobreviviente, altiva y tenaz, es quizás la última de su especie, una habitante salvaje perdida en estas selvas urbanas civilizadas.

---

14. ACERCA DE LA ÉTICA AMBIENTAL Y LA CONCIENCIA PURA

Desde la zona de la conciencia pura estamos en capacidad de asumir cualquier punto de vista. La conciencia pura está en capacidad de manifestarse de muchas formas. La idea es que vivamos como creadores de la realidad y que permitamos que la conciencia pura se manifieste definiendo las creencias que son responsables de las experiencias y de nuestras realidades actuales y escogiendo nuevas creencias más acordes con la realidad armónica que se desea lograr.

Ejercicio 22 – Definiciones

Cómo me defino en relación con la vida, conmigo mismo, con los demás y con el medio ambiente.

Este ejercicio está diseñado para explorar las definiciones o realidades que actualmente estás utilizando para definirte y sobre la posibilidad de que cambies tus definiciones, orientándolas hacia la conciencia pura.

Es una invitación para que te atrevas a explorar y a redefinirte en términos más creativos y armónicos. Atrévete a imaginar, a intuir, a crear, a ser visionario. En respuesta a los estímulos que señalo, llena la lista siguiente con definiciones. En una primera ocasión hazlo con respuestas espontáneas. Luego repítelo con respuestas atrevidas y creativas, redefiniéndote con flexibilidad y soltura. Te recomiendo trabajar con mapas mentales y con elementos gráficos para estimular aún más el alcance de tus exploraciones.

- Salud y medio ambiente
- Actitud hacia los demás
- Dinero, riqueza y medio ambiente
- Educación social
- Educación medio ambiental
- Compromiso con el medio ambiente
- Compromiso con la problemática social
- Coherencia entre palabra y acción
- Tenacidad para logar los objetivos
- Ética
- Respeto por la vida
- Consumismo
- Cumplimiento de la ley y normas
- Conocimiento de los ecosistemas
- Responsabilidad
- Crítica
- Participación
- Racismo y prejuicios
- Guerra

PREGUNTAS Y RESPUESTAS

Uno puede preguntarse y uno puede contestar,
uno puede escuchar en silencio o interrumpir impetuoso, con orgullo.
Uno puede definir o aceptar definiciones,
uno puede inventar o usar inventos,
crear o ser criatura.
Uno puede imponer o sugerir o dejar que todo fluya
quizás con algo de pena,
quizás sin querer.
Esto se puede ensayar e imaginar,
más allá del conocimiento real o irreal
más allá del recuerdo doloroso de algún pasado lejano o cercano.

TU SORPRENDENTE Y DISTINTA FORMA DE VER LA VIDA

Esa lógica aplastante y sincera que tú tienes
me sorprende cuando la observo,
con cuidado, con cariño, sin afanes.

Esos tejidos que vas tejiendo y esas ideas que vas diciendo
son tan distintas a las mías,
y sin embargo me parecen tan honestas y tan ciertas.

Esas respuestas que lanzas, atrayendo mis preguntas
me van llevando de tu mano
a esos lugares que ha atrapado tu conciencia.

Esas formas que has labrado en los caminos de tu vida,
se escuchan encantadoras
cuando compartes con alguien como yo, hacedor de preguntas.

Así, entre pregunta y respuesta nos vamos completando
quizás hoy tú eres el de las historias,
quizás mañana yo pueda aprender de ti, cuando me escuches.

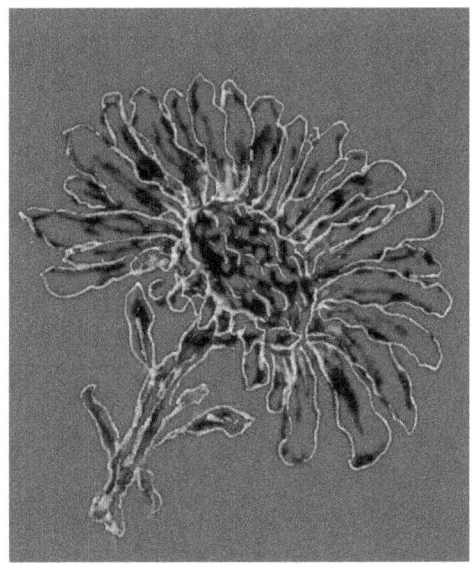

Ejercicio 23 – Viajes a la conciencia pura

Este ejercicio está diseñado para que tengas la experiencia de la conciencia pura como fuente de cualquier realidad. En un grupo, una persona conduce a los demás en la siguiente meditación guiada, que se puede hacer con ojos abiertos o cerrado, con las personas en posición cómoda. También se puede hacer en parejas o individualmente, en un lugar calmado y sereno.

- Vas a emprender un viaje a la zona de la conciencia ética más pura. Para ello observa tu punto de partida actual durante unos segundos.
- Siente y observa hasta dónde se extiende el alcance de tu visión ética.
- Ahora vas a imaginarte que el alcance de tu ética empieza a crecer en todos los sentidos posibles. Hazlo lentamente.
- Incluye en tu visión a la naturaleza entera, desde los elementos inanimados hasta los seres vivos y las personas y el planeta y el cosmos entero.
- Ahora, vas a imaginarte que todo eso está en tu propio ser, que no es distinto de ti mismo.
- Admira y aprecia esa capacidad expansiva.

Esta meditación se repite tres veces. Al terminar, se descansa unos dos minutos y luego se abren los ojos lentamente, si se los tenía cerrados, antes de volver a la actividad.

15. HACIA METAS ÉTICAS

Las personas comprometidas se unen en la búsqueda de metas valiosas. Cuando lo hacen es porque están de acuerdo con ellas y están dispuestas a trabajar para contribuir a que sean alcanzadas.

En nuestro camino hacia el desarrollo sostenible, hacia la equidad, siguiendo rutas de vida deliberada y de libertad, la sociedad y las personas tomamos decisiones sobre nuestras metas relacionadas con el ambiente. Como los temas son complejos y cada vez hay más conocimientos y criterios, las metas pueden cambiar a medida que se va avanzando. La experiencia ganada al fijar y perseguir la meta ya es de por sí bastante valiosa.

Entre tantas posibilidades todos buscamos que la selección de metas salga bien, que sean significativas. Para ello podemos utilizar nuestro razonamiento despierto, combinado con la creatividad, la imaginación, la intuición y las capacidades del grupo y de las personas para apreciar lo que hacen y los que les espera. Las metas deberían parecer atractivas y desafiantes, pero posibles. Nuestro sentido de bondad interior, nuestra intuición nos indica si se sienten bien. Nuestra imaginación las hace ver agradables y bellas. Nuestra creatividad las hace ver reales.

Ejercicio 24 - Ideas para establecer metas correctas

Nos deberíamos asociar con planes de vida y con propósitos valiosos, para seguirlos con entusiasmo. Igualmente, las empresas y la sociedad deberían comprometerse con metas armónicas y nobles, dignas con el medio ambiente, que busquen la equidad social y se basen en el respeto por todas las personas y sus ideas. El siguiente ejercicio da algunas guías que se pueden seguir para establecer metas adecuadas y valiosas.

Para ello, en una hoja, por ejemplo, en forma de mapa mental, uno puede colocar una lista de metas. En el centro del mapa pone un símbolo que se refiera a la idea de metas y en los ramales pone las distintas metas. Estas pueden ser algunas de las que uno está trabajando en la actualidad o metas que uno ha considerado en el pasado y que ha abandonado o nuevas metas. De la misma forma se puede hacer con las metas de un grupo humano o empresa.

En el contexto de este material, dedicado a la ética del medio ambiente, se sugiere incluir metas relacionadas con el desarrollo sostenible, la búsqueda de la armonía social y personal y el logro de estados superiores de conciencia individual y comunitaria.

Una vez confeccionada la lista de metas, se califica de acuerdo con una escala de valores convenida por el grupo o determinada por uno mismo. Así nuestra intuición nos guía a llegar a una buena elección.

Ejercicio 25 - Plan de actividades

Poco vale una meta sin un plan de actividades concreto. Este ejercicio tiene como objetivo enfocar la atención y la energía con las metas escogidas, para encontrar caminos efectivos hacia el logro de la misma. Se hace para cada una de las metas que se desean lograr.

La idea es examinar tus actividades actuales y las de tu grupo y ver si ayudan o no a llegar a la meta. Igualmente examinar las ideas, creencias y pensamientos que uno tienen alrededor del tema y examinar si ayudan o no a lograr la meta.

Terminado lo anterior para cada meta, se hace una lista de actividades prioritarias y una asignación de tiempos y de recursos que se pueden emplear para cumplirla. Finalmente se establecen las creencias que servirán como apoyo a la nueva experiencia que se quiere lograr.

Ejercicio 26 - Metas para el desarrollo sostenible.

Establece algunas metas para ti y para tu grupo de trabajo o empresa, que contribuyan al desarrollo sostenible. Siéntete noble y feliz con ello.

Luego sigue la verdadera tarea: La de comprometerse y trabajar por las metas que se han elegido, con sentido de responsabilidad, de trabajo experimental y ensayo, de proyectos, de logro y de celebraciones.

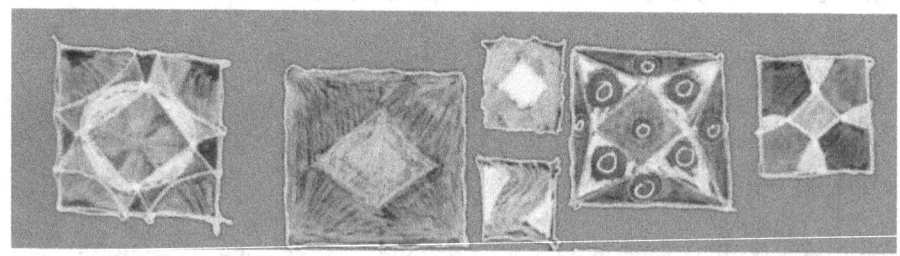

16. COMO ENFRENTAR LOS RETOS DEL DESARROLLO SOSTENIBLE: HACIA NUEVOS SISTEMAS DE CREENCIAS.

Algunos conceptos sobre el desarrollo sostenible

Como respuesta a los miedos que la humanidad tiene sobre el futuro y como manifestación de arrepentimiento ante el manejo materialista e ignorante de los recursos naturales que ha existido hasta ahora, se ha planteado con excelentes intenciones un nuevo modelo de desarrollo, especialmente por parte de los países más prósperos, que ya han llegado a niveles muy grandes de riqueza, bienestar, ocio y orden. Esto se aplica más que todo a los países nórdicos, a Inglaterra, a Alemania, a Canadá y a sectores muy amplios de otros países europeos y de Estados Unidos, Australia y Japón. El nuevo modelo, Desarrollo Sostenible, ha sido propuesto por especialistas y teóricos de tales países, y en esencia, ha sido aceptado por todos los países del mundo, en diversos foros y conferencias internacionales y en las propias constituciones y leyes de cada país.

Los habitantes de un país con problemas de desempleo, hacinamientos urbanos, violencia, pobreza, educación y grandes carencias de infraestructura, seguramente aprecian la posición ventajosa actual de los países más ordenados para definir y defender el concepto de desarrollo sostenible. Tales países ya resolvieron muchas contradicciones y generaron riqueza y acumulación, habiendo transitado sin mayores restricciones por el desarrollo industrial a ultranza durante más de 100 años, en los cuales mediante la emigración de sus excesos de población a Estados Unidos, Argentina, Brasil, a Canadá o a Australia, el uso masivo y contaminante de su carbón y sus minerales y el duro trabajo de su población, durante muchos años a veces explotada, pudieron resolver sus problemas de ordenamiento urbano, de manejo del campo, de tecnología y de población. Ahora, los países en vía de desarrollo deben hacer el milagro de lograrlo todo en mucho menos de 100 años, ojalá en 10 o 20, sin trabajar tan duro, sin pasar por una industrialización masiva, sin explotar a las gentes, sin contaminar, sin utilizar demasiado las selvas y los ecosistemas tropicales, sin tener la posibilidad de enviar a los que no encuentran trabajo o los oprimidos o los que se sienten discriminados a otros países plenos de oportunidades y en medio de grandes diferencias ideológicas y de la desunión.

Es todo un reto. A diferencia de los retos del siglo pasado, estas son las nuevas exigencias y el nuevo ambiente de trabajo:

* *Cambio más acelerado*. Está muy cuestionada la lentitud y dominan las instantáneas comunicaciones masivas y la magia veloz de las computadoras. El ambiente que nos rodea sugiere sutilmente que no hay tiempo para ensayar y para lograr las cosas con calma, ensayo y error, pues se cree en la perfección de la información y del cálculo inmediato.

* *Producción de valor agregado ecológico*. Aparece este nuevo valor que debe producir toda idea que se haga práctica. Este valor es contradictorio en comparación con la enorme rapidez de los cambios que siempre traen consecuencias difíciles de predecir y por ello nos asusta el cambio acelerado, que tenemos que aceptar.

* *Tener en cuenta los costos reales de los recursos naturales*. Aparece la necesidad de cuantificar el recurso natural, al cual se asigna valor inestimable, apareciendo entonces la sensación de que no se pueden tocar impunemente los bienes naturales y de que los estamos dilapidando. Este valor está en contradicción con el ánimo de gozar de suficiente bienestar material (ojalá como el que ya tienen los países más ordenados) y con la tendencia que la gente tiene a poseer cosas y a dominar la naturaleza sin límites, ánimos que han tenido mucho que ver con la generación de riqueza y desarrollo en dichos países.

* *Consumir menos y actuar con ecoeficiencia*. Se trata de un valor muy interesante, pero que está en contradicción con el consumismo practicado en todos los países, especialmente en los más ordenados, con la televisión como ambiente dominante, con el facilismo de lo desechable, con la tendencia a consumir energía de modo creciente.

* *Necesidad de Innovaciones*. Este es un valor importante desde el punto de vista de la creatividad, pero contradictorio desde el punto de vista de la tendencia a desechar, a menospreciar lo existente, a seguir modas, a ser superficial, a dejarse llevar por lo comercial, por la publicidad, por los medios.

* *Entender y perfeccionar los intereses de las poblaciones*. Las minorías, los grupos de presión, los que se diferencian de la media en cualquier sentido, reclaman cada vez más importancia. Esto dificulta la gobernabilidad, la apropiación de los recursos y la fijación de prioridades. Se requiere sentido mágico para guardar los equilibrios exigidos por los crecientes derechos de la población (merecidos por nacimiento) y la sensación de que los deberes no son tan importantes y son impuestos por los que dominan o gobiernan.

* *Elevar el nivel de conciencia*. Se entiende ahora cada vez más a la conciencia como un campo infinito de posibilidades, en el cual cabe el crecimiento hacia zonas elevadas y espirituales, siendo la naturaleza un aliado misterioso de dicha evolución. El sentir a la naturaleza y a la tierra como seres vivos, llenos de inteligencia y de conciencia, el explorar la unidad subyacente en todo lo creado, es una creciente forma de espiritualidad que suspende el deseo de dilapidar. Pero esto está en aparente contradicción con muchos aspectos de la agitada vida actual y requiere de pausas verdaderas que no se dan sino para unos pocos seres que han descubierto el secreto de estar a la vez activos y pausados o para aquello que tienen tanta riqueza o comodidad que se pueden alejar del ruido, pero disfrutando del bienestar material que genera la producción incesante.

Enfrentar los retos, exige mirar la realidad desde otros puntos de vista, de decir, todo un CAMBIO DE ENFOQUE EN LAS POLITICAS. Surgen entonces temas contradictorios, situaciones a resolver, tales como las siguientes:

* *Protección vs Gestión*. ¿Ante los recursos naturales cumplimos el papel de guardianes, de gestores, de usuarios, de participantes? ¿Somos una plaga que debe ser erradicada o seres divinos que hemos olvidado nuestra sabiduría y que la encontramos en la vida misma? ¿Qué hacer con nuestro gran cerebro, será que es una amenaza demasiado grande para nuestro entorno o será que es tan enorme para que podamos vivir en comunión con la naturaleza sin ofenderla?

* *Desarrollo: ¿Agresión u objetivo?* Los que ya están saturados de bienes y de riqueza, de alguna forma, asumen el papel de ordenadores y líderes, mientras que los que envidian la posición del que todo lo tiene, asumen el papel de víctimas. Un tercer papel es el de los salvadores que sugieren como resolver las contradicciones evidentes. Este triángulo común entre los seres humanos en todas las situaciones, aparece en el contexto de los países, así: Países ordenados, países menos ordenados, organismos internacionales, grupos de presión y de opinión. Según la posición que se adopte, el desarrollo se verá como amenaza, como oportunidad, como necesidad, como agresión o como objetivo a lograr.

* *Fiscalización vs Innovación.* Todavía no se ha resuelto el conflicto entre controlar, planear al detalle, legislar en todos los aspectos, imponer las políticas centrales o las políticas que se consideran sabias, desconfiar, por un lado; y por el otro lado, permitir el juego libre de la iniciativa individual y de la creatividad, los errores y aciertos y el comportamiento asocial y destructivo de los individuos o de las regiones, a veces egoístas e ignorantes. Se requiere habilidad para encontrar el punto de equilibrio que no mate la iniciativa ni la creatividad, pero que evite los desmanes del egoísmo excesivo. Los países ordenados han pasado por una riqueza de situaciones que les ha permitido a sus habitantes encontrar un cierto respeto por las opiniones de los demás, de modo que las dos perspectivas se van turnando en el poder y el equilibrio va apareciendo sutilmente. En los países menos ordenados a veces reina la intolerancia y faltan la experiencia y el ensayo paciente. El afán de copia y la ideología sustituyen a la práctica consciente.

* *Estudiar para declarar o estudiar para desarrollar y actuar*. El análisis y el estudio, los diagnósticos de los expertos propios y extraños son muy comunes en todos los países, aún en los países más desordenados. La información abundante es el signo de los tiempos. Pero luego puede suceder que pocos lean los estudios, o que se queden como letra muerta, o que carezcan de rigor, o que se queden girando alrededor de marcos teóricos repetitivos, repetición que se apoya en repetición. Además, está, como lo sugiere el título de este apartado, el objetivo que se busca. ¿En qué se gasta la capacidad de estudio? Es claro que los países más ordenados han cubierto muchos de los objetivos posibles y han dedicado mucho tiempo y espacio a estudiar, encontrando un cierto equilibrio entre ciencia y tecnología, entre teoría y práctica, entre ideología y tolerancia. ¿Seremos nosotros capaces de descubrirnos a medida que nos usamos, o estaremos condenados a gastarnos sin auto descubrirnos; o a ser objetos de estudio por parte de aquellos que ya se conocen a sí mismos en buena medida?

* *¿Protección como freno o Impacto como desafío?* ¿Se trata de frenar al niño impetuoso que descubre su entorno y lo pone en peligro o de impulsar al ser dormido para que despierte y deje de ignorar las potencialidades de su realidad misteriosa? Hay magia esperando en las zonas no exploradas de la vida y de la creación y por ello es necesario aproximarse con ilusión, más que con miedo.

* *Protección comercial o competitividad*. La realidad actual es comercial. La verdad es que siempre la realidad ha sido bastante comercial. En la base de las políticas de los países ordenados está garantizar la supervivencia de los mercados, del turismo, de los flujos de todo tipo que cruzan la tierra. Muchas personas se sienten amenazadas por lo comercial y proponen medidas restrictivas. Pero hasta ahora predomina lo comercial y seguramente será un elemento vital por muchos años. ¿Será que descubrirán los países menos ordenados los secretos comerciales de las selvas, de los sistemas tropicales, de sus poblaciones mestizas y nativas, para generar bienestar y condiciones que permitan más calidad de vida, o sucederá que, ante la ignorancia y el desorden social, serán declarados aquellos patrimonios de la humanidad sujetos a permisos internacionales para su uso, y éstas sujetas a recibir los correspondientes subsidios de las sociedades más ordenadas?

Se plantea entonces el DESARROLLO SOSTENIBLE como la posibilidad de resolver estas contradicciones, de modo que no se renuncie al crecimiento económico, logrando al mismo tiempo las siguientes metas:

  - Utilización de tecnologías limpias
  - Conservación de los recursos para el futuro
  - Condiciones adecuadas de justicia social y económica.

- Respeto por la cultura y la diversidad
- Descontaminación y reciclaje.

La idea central del nuevo modo de enfrentar los nuevos ciclos de producción y de comercio es que sean sostenibles. Para ello, deberían:

- Mejorar el medio
- Fomentar el desarrollo y la recuperación de los recursos
- Mejorar la calidad de vida
- No causar daños ni problemas de salud ni deterioro económico.
- Causar angustia social ni desempleo.

En principio, se piensa que este tipo de desarrollo no se frena a sí mismo, ni contiene las semillas de su propia destrucción.

Como contribución a difundir estos ideales, es interesante presentar a continuación los que se podrían denominar como *LOS SIETE PROGRAMAS BASICOS DEL DESARROLLO SOSTENIBLE EN LOS PAÍSES EN DESARROLLO, EN ESTE CASO, COLOMBIA*

* *Protección de ecosistemas estratégicos*
* *Mejor agua*
* *Mares limpios y costas limpias*
* *Más bosques*
* *Mejores ciudades y poblaciones*
* *Política poblacional*
* *Producción limpia*

Es este un verdadero reto de la sociedad que debe ser enfrentado con las mejores herramientas posibles.

En el fondo todo este tema de la ética y de la conciencia y su relación con modos ideales de funcionamiento, como es el caso del desarrollo sostenible, se reduce, como ya se ha explorado en este texto, al efecto que el tejido de nuestras creencias tiene sobre nuestra experiencia. Por ello, explorar la ética y explorar la conciencia equivale a explorar las creencias que uno puede tener. Por eso ha sido importante e interesante hablar de las creencias, es decir, de las ideas que uno tiene en la mente y de los distintos sistemas de creencias.

De las distintas categorías de creencias, la última categoría, más evolucionada, es la de las creencias que establecemos cuando entramos a funcionar en los modos superiores de conciencia. Es la zona de las creencias visionarias, de las declaraciones que parecen imposibles hoy y que harán posible el mañana si las tenemos con pureza creativa. Se podría decir que el conjunto de las declaraciones del desarrollo sostenible corresponde a creencias de este tipo. Se podrían presentar así:

- La sociedad utiliza tecnologías limpias
- La sociedad conserva los recursos para el futuro
- La sociedad funciona bajo condiciones adecuadas de justicia social y económica.
- En la sociedad hay respeto por la cultura y la diversidad
- La sociedad practica de modo regular la descontaminación y el reciclaje.

Para ello la sociedad y sus miembros creen de forma práctica en lo siguiente:

- Mis acciones mejoran el medio. Me enamoro de la idea de mejorar el medio. Tengo la capacidad para mejorar el medio con mis acciones.
- Mis acciones fomentan el desarrollo y la recuperación de los recursos
- Mis acciones contribuyen a mejorar la calidad de vida
- No causo daños ni problemas de salud ni doy origen a deterioro económico con mis acciones.
- Mis acciones contribuyen a crear empleo y justicia social.

Además, como colombiano:

- Conozco los ecosistemas estratégicos del país y contribuyo a su protección.
- Contribuyo a mejorar el agua y a usarla con respeto y amor.
- Estoy orgulloso de nuestros mares y costas y contribuyo a que sean limpios

- Soy consciente de la riqueza de bosques del país y de su importancia y contribuyo a aumentarla
- Contribuyo con mis acciones a mejorar la vida urbana y comunitaria.
- Respeto la vida y no mato. Contribuyo con mi sabiduría a que el país tenga políticas poblacionales sabias y respetuosas.
- Practico en mis acciones productivas individuales y comunitarias, a nivel público y privado, los principios de las Producción limpia.

Pero ¿qué decir de las creencias del tercer tipo? Estas creencias, las científicas, están en la zona de la transición entre el pasado y el futuro. Su manejo creativo señala un nuevo amanecer. Su manejo temeroso y retrógrado, constituye un adoctrinamiento y una involución hacia modos de funcionamiento primitivos, atados al pasado. La maestría ambiental bien enfocada contribuye a la combinación sabia de lo científico con la visión y con lo creativo. Ese es el meollo de lo ético.

Los Objetivos de Desarrollo Sostenible (ODS) fueron acordados globalmente el 2015, como un marco para la acción que guiará el avance del mundo hasta el año 2030.

Vale la pena estudiarlos, formar parte de acciones individuales, grupales y colectivas para que se cumplan estos objetivos

Diez principios de ética y creatividad. Creatividad y desarrollo sostenible

Las alternativas creativas para el manejo del medio ambiente y para el logro de un futuro más equilibrado, pasan entonces por este concepto del desarrollo sostenible. Los responsables de liderar a la humanidad se han comprometido con unas declaraciones y con visiones de gran alcance que exigen un nuevo estilo de trabajo a todos los sectores y sin duda exigen también un nuevo enfoque y un nuevo sistema de creencias para todos nosotros. Los ingenieros se deben plantear la necesidad de una nueva ingeniería, pero igualmente se requieren nuevas medicinas, nuevas economías, novedosas formas de educar y de gobernar, sin duda nuevas formas de periodismo, etc.

De alguna manera estos cambios de enfoque y estas nuevas visiones, se vienen gestando a partir de las nuevas formas de hacer física y de hacer ciencias, quizás sin que lo sepan muchos de los científicos que trabajan y desarrollan estos temas.

Se pueden señalar **10 principios de la nueva forma de trabajar**, que se pueden descubrir e intuir a base de la experiencia personal y que están de cierta forma relacionados con la física, mostrando potenciales que se pueden explorar. Estos principios pueden ser aplicados al tema de la creatividad y de la ética en el manejo del medio ambiente, de modo que se aprecie que se trata de realidades prácticas para los que se tienen que enfrentar a estos temas.

Al enfrentarse a estos temas, un experto y maestro ambiental, o una persona cualquiera, podría soñar con verse a sí mismo como un ético y responsable creador de nuevas realidades y autor del desarrollo sostenible, usando los nuevos principios ya insinuados o algunos otros, descubiertos o no todavía. En la medida en que todo un país se comprometa, amanecerá un nuevo día.

La física es en cierta forma la base de las ciencias. Al describir el universo, describe sus funcionamientos más íntimos, y tiene la clave del verdadero misterio ecológico que supone el logro de un desarrollo sostenible.

En efecto, es un verdadero misterio ecológico el alcanzar el desarrollo, en simultáneo con un respeto por la naturaleza de la cual somos parte y que nos rodea.

Para resolver este misterio, se está echando mano de nuevas ciencias y tecnologías, basadas en una nueva física. La realidad científica claramente muestra que, de modo práctico, ya existe una nueva física y por lo tanto, habrá nuevas ciencias y nuevas tecnologías. Este dinámico proceso no para nunca y es la clave de nuestro futuro.

La física "antigua" y la antigua ciencia, es todavía el objeto principal de estudio para todas las profesiones y base de casi todos sus cálculos y premisas, podría describirse a grandes rasgos por los siguientes atributos:

Física "antigua":
Mecanicista, individualista, compartimentalizada, determinista, racional, ecuacionista, modelista, de tiempo lineal

Desde hace algo más de cien años, se vienen gestando la "nueva" física y la nueva ciencia, a través de los trabajos e investigaciones de numerosos científicos de todo el mundo. Se trata de temas sofisticados, incomprensibles en gran parte para el hombre común, y misteriosos. Pero en realidad uno podría decir que en buena parte la nueva física se basa en conceptos muy antiguos, cuyo análisis ha sido enfocado desde tiempos inmemoriales por la humanidad.

Necesariamente, tal como ocurrió con la física antigua, la cual dio origen con su sistema de creencias al desarrollo técnico y económico que conocemos, así mismo la nueva física estará asociada con nuevos sistemas de creencias y dará origen a los nuevos desarrollos y técnicas que necesitamos, capaces de enfrentarse efectivamente al reto del desarrollo sostenible. De cierta forma, se trata de técnicas y métodos realmente efectivos en su capacidad de aportar elementos compatibles con la naturaleza íntima fundamental del hombre y del universo. Tienen que ser novedosos y sorprendentes, casi que milagrosos, puesto que los desafíos planteados van más allá de las posibilidades actuales de la tecnología material. Tienen que ser compatibles con la naturaleza, pues somos unidad con el universo y no nos contentaremos los hombres con algo menos que el descubrimiento y la práctica de dicha unidad.

El desafío principal será el fijar límites aceptables a la atención desaforada que pone la humanidad en el aspecto material de las cosas, el cual se refleja en el casi nulo interés de las gentes y las sociedades por cesar de disfrutar de las comodidades resultantes de la loca explotación de la naturaleza.

La nueva física señala las claves para la realización del desarrollo sostenible y aporta los nuevos conceptos que nos permiten aproximarnos a la naturaleza esencial nuestra como seres universales y partes del todo natural. Nos conduce a la intuición de que somos seres espirituales, capaces de faenas que trascienden las limitaciones naturales. A continuación, se hace un resumen de 10 principios de contienen probablemente la clave del logro del desarrollo sostenible y de unas condiciones más humanas y armónicas.

PRINCIPIOS DE LA NUEVA FISICA (Y DE TODO LO NUEVO, INCLUYENDO LA NUEVA Y NECESARIA ETICA):

1- PRINCIPIO DE LA NO-LOCALIDAD

En el corazón de todas las cosas existe una chispa, un sentido de lo divino

SOMOS ETICOS Y EFECTIVOS CUANDO DESCUBRIMOS NUESTROS DEBERES COMO CREADORES INSPIRADOS POR NUESTRA CHISPA DIVINA.

2. PRINCIPIO DE LA PARTICIPACION DEL OBSERVADOR

Todo lo que descubrimos está profundamente influido por el motivo que nos lleva a investigar. El observador crea la realidad

HACEMOS FUTURO SOSTENIBLE AL DECIDIRNOS POR UNA VISIÓN CREATIVA.

3. *PRINCIPIO DE LA INCERTIDUMBRE*

No son posibles hechos o aspectos que sean totalmente ciertos. Toda la vida es un trabajo indeterminado en progreso

EN LA AUSENCIA DE CERTIDUMBRE SIEMPRE ES POSIBLE UN CAMBIO FAVORABLE

4. *PRINCIPIO DE LA COMPLEMENTARIEDAD*

La comprensión de la existencia de lados opuestos en todas las cosas nos libera de la creación de limitaciones artificiales.

ESTA LIBERTAD HACE QUE LA RESPONSABILIDAD SEA POSIBLE

5. *PRINCIPIO DE LA UNIDAD*

Todo lo que existe en el Cosmos es inseparable

DESDE LA UNION DE CONCEPTOS, DE CUERPOS, DE MENTES, DE IDEALES, DE ESFUERZOS, DE INFORMACION; DESDE TODAS LAS UNIONES, SURGE EL OBRAR ÉTICO

6. *PRINCIPIO DE LOS UNIVERSOS PARALELOS:*

Hay varios niveles de realidad. Hay varios niveles de conciencia
El sentido de la vida es tan amplio y rico como nuestras conciencias y nuestras creaciones lo permitan.

EL ESTAR LIMITADO POR CREENCIAS DE PEQUEÑO CALIBRE APAGA NUESTRA CHISPA DIVINA Y NOS HACE ESCLAVOS

7. *PRINCIPIO DE RELATIVIDAD DEL TIEMPO*

El concepto limitado y lineal que hemos asignado al tiempo, evita que observemos el Universo de una ojeada. Por ello tenemos que aprender poco a poco, a punta de muchos errores, a punta de amenazas para la vida.

LA VIDA ES BELLA CUANDO ENTENDEMOS EL ETERNO PRESENTE.

8. PRINCIPIO DE LOS CAMPOS DE ENERGIA

La vida, la naturaleza y todos nosotros somos una manifestación de un potencial infinito que se manifiesta energéticamente.

Somos parte de una danza incesante de masa y energía. Somos flujo interminable.

EN LA CONCIENCIA DEL POTENCIAL INFINITO ESTA LA FUENTE DE LOS COMPORTAMIENTOS RESPONSABLES.

9. PRINCIPIO DE LA ENTROPIA

Todo y todos estamos en procesos de desintegración y de integración. La crisis contiene la clave del desarrollo. Las cosas se agitan para cambiar de nivel.

DEL APARENTE DESORDEN SALE EL MILAGRO DEL DINAMISMO Y LA ORGANIZACION AUTO-REFERENTE. NO DEBEMOS TEMER AL CAMBIO

10. PRINCIPIO DE LA INFINITA VARIEDAD SUBYACENTE

Hay poderosos efectos escondidos en las pequeñas variaciones de los parámetros que influyen sobre la realidad.

El orden caótico es parte natural de la existencia. La realidad es mucho más compleja, y, paradójicamente, más simple de lo que creemos.

LA CELEBRACION DE LA COMPLEJIDAD ES LA CEREMONIA QUE DA ORIGEN A SABER TRABAJAR EN EQUIPO Y CON EL OTRO.

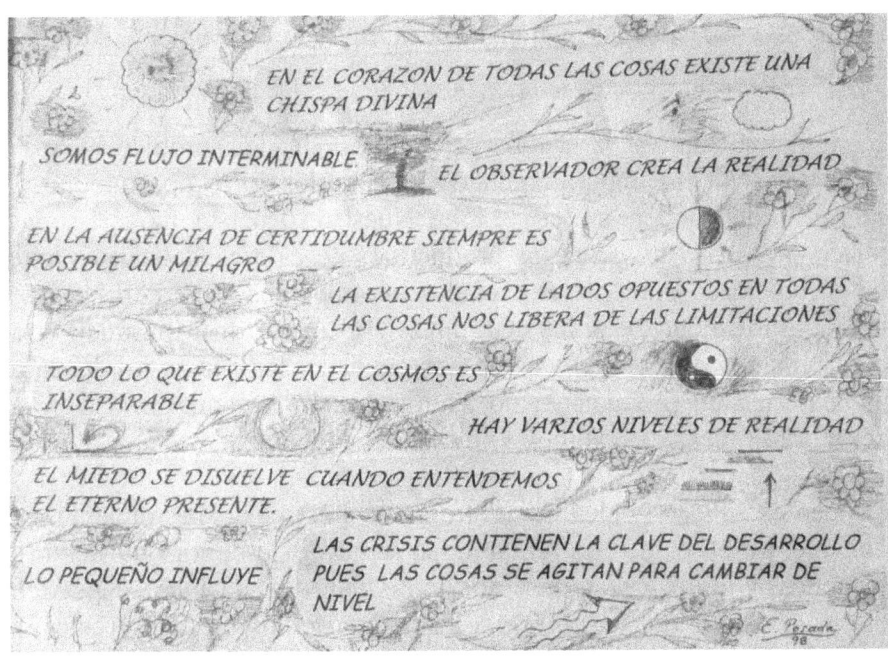

Visión de los diez principios

17. APLICACIÓN PRÁCTICA DE LOS 10 PRINCIPIOS.

Es importante y ético concretar lo anterior y proponer alternativas creativas para el manejo del medio ambiente. Los ingenieros se apasionan por temas como la termodinámica, ciencia pionera en el manejo de los conceptos de eficiencia y optimización, ciencia que maneja el concepto de la energía, de las pérdidas y de la entropía. Es evidente para cualquiera que maneje estos conceptos, que existe un filón de trabajos interesantes en la optimización de procesos, con base en las herramientas de las leyes de la termodinámica (especialmente las leyes de la conservación de masa y energía y los correspondientes balances de masa). Buena parte de las ideas que a continuación se proponen, se basan en el manejo creativo de estas leyes, muy adecuadas para una visualización de la aplicación de los 10 principios.

Principio de la no-localidad.

Este principio se podría aplicar declarando que no se deben clasificar las cosas como buenas y malas, pues en todo hay valor y "chispa divina".

Es atractivo darles la vuelta a algunos de los problemas más angustiosos en el campo ambiental y declararlos como oportunidades, a través del poder de la visión. Nuestro deber como personas relacionadas con los procesos productivos no es escandalizarnos ante los problemas ambientales, señalando culpables (los demás, que irresponsablemente y por ganar dinero se dedicaron a producir y a contaminar) y buenos (los que no contaminan y los que no producen o no invierten en producir), sino asumir nuestra responsabilidad para descubrir el mensaje oculto del problema ambiental.

La idea es aplicar la idea de controlar la contaminación ambiental es rentable. En busca de esta rentabilidad se puede descubrir que siempre se aplica. Optimizar los procesos industriales es posible, se pueden llevar al punto donde no son ofensivos para el medio, y esto es rentable. Hay beneficios, claros unos y ocultos muchos de ellos, tales como:

- Ahorros de materiales (La contaminación es en general, masa que de pierde por falta de manejo correcto)
- Ahorros de energía (Trabajar con elegancia y eficiencia significa ahorros de electricidad, combustibles en muchos casos).
- Mejoras de mantenimiento. Equipo que trabaje correctamente desde el punto de vista ambiental, es equipo que exige mantenimiento. Equipo que recibe mantenimiento correcto, es equipo bien operado. Equipo bien operado es equipo rentable, por lo menos en comparación con un equipo mal operado. Además, cuando se logra que los materiales contaminantes no vayan al ambiente, se evitan serios problemas de operación y mantenimiento, todo se ve mejor y dura más.
- Más compromiso de la gente con los procesos. Si la gente ve que se dignifica su ambiente de paz trabajo al evitar las emisiones y si siente que trabaja en una empresa de violencia es una oportunidad para contribuir a establecer formas duraderas no contaminante, aumenta su sentido de pertenencia con la organización y su lealtad.

El desafío es descubrir el beneficio oculto en todo manejo correcto ambiental, sentirse creadores de nuevas realidades productivas no contaminantes y descubrir la zona buena que existe en todo proceso malo, convirtiéndolo de amenaza en oportunidad.

Es posible crear en nuestro país industrias y empleo basadas en el manejo de problemas ambientales, especialmente los problemas de la erosión, la desertificación, el manejo de suelos, la desalinización, la purificación del carbón, el reciclaje de materiales, el tratamiento de aguas, entre muchos otros.

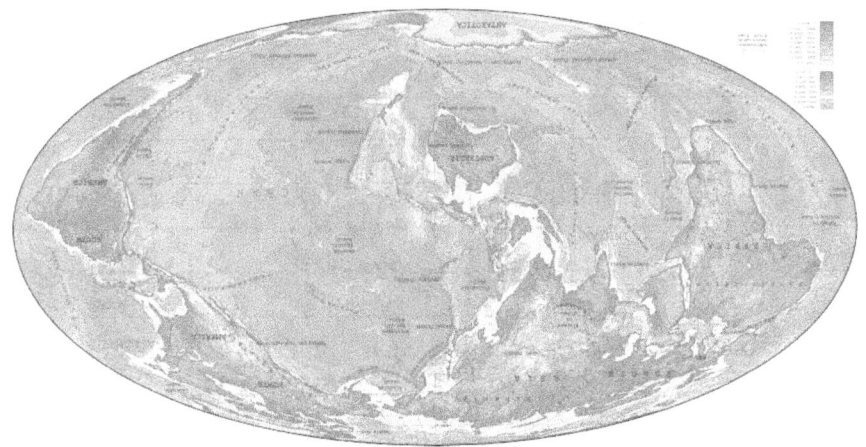

Principio de la participación del observador

Este es el principio de la responsabilidad, de la no-indiferencia. La realidad no es tan objetiva como parece. Depende grandemente de nuestra participación. Si nos decidimos por jugar a la magia de nuestra capacidad creadora, todo es posible.

La idea del efecto determinante de la participación del observador permite mirar con optimismo el futuro y la posibilidad del desarrollo sostenible, pues todo depende de nosotros y de nuestras creencias. Con nuestras creencias determinamos la realidad. Nuestra compleja situación presenta oportunidades para descubrir nuevos desconocidos, con la participación de todos, por ejemplo:

- La complejidad de nuestro territorio es una oportunidad para sistematizar el manejo de la erosión y de los fenómenos climáticos.
- La riqueza infinita de nuestros ecosistemas es una oportunidad para descubrir formas nuevas de convivencia y participación, no solamente con el medio ambiente, sino también a nivel comunitario.

Somos un enorme y vivo laboratorio de la complejidad, en cuya base vibran los secretos de la vida.

En los primeros inicios de los trabajos el área ambiental, todo parecía más bien negro, el mundo se iba a acabar en muy pocos años (El mundo eran la energía, los metales, el suelo, el aire). Pero todavía no llega el fin, y más y más gente trabaja en temas ambientales. Hay trabajo para largo rato, pues de lo contrario, pocos se apuntarían. Entre los milagros a realizar con nuestra visión mágica, están los siguientes a nivel de optimización de procesos industriales en Colombia:

- Crear industrias locales de producción de equipos de control ambiental.
- Descubrir reciclajes y usos para los desechos (plásticos, lodos de plantas de tratamiento de aguas, aceites usados, hollines, por ejemplo)
- Atreverse a proponer cambios en las formas de hacer las cosas, buscando disminución de emisiones, por ejemplo, a pesar de que las ideas parezcan un poco locas.
- Crear conciencia entre las personas encargadas de los procesos, para que lleven contabilidad ambiental y se den cuenta de las masas contaminantes y su peso dentro del balance de masa productivo. Para aumentar los niveles de conciencia, es importante crear programas de cuentas ambientales.
- Lograr que la variable ambiental sea tenida en cuenta en los procesos y en la administración de las empresas, participando activamente y liderando las acciones.

Con respecto a este último punto, se presenta a continuación un modelo típico de declaración ambiental que se puede adoptar en las empresas para hacer explícito el compromiso empresarial con la variable ambiental. Este modelo es semejante al adoptado por diversas empresas en diversos países del mundo.

Políticas ambientales, de salud y de seguridad en el trabajo de la empresa XXX

La Junta Directiva de XXX aprobó estas políticas en su reunión del día.... del mes de.... de 20...

La junta directiva estableció que todos los departamentos de la empresa cumplan estos principios en sus operaciones.

Se estableció que estas políticas se revisarán y se mantendrán actualizadas siempre que se considera necesario.

1- Estas políticas son parte integral de todas las operaciones de la empresa.

XXX considera que los temas y asuntos ambientales y lo concerniente a la salud ocupacional y a la seguridad industrial son componentes integrales de sus operaciones. El manejo responsable de estos asuntos es esencial para lograr el éxito en sus negocios y para disfrutar de la aceptación de la sociedad y de las comunidades vinculadas al desarrollo de la empresa.

XXX reconoce y acepta los principios del desarrollo sostenible como marco general de sus actividades.

Lo anterior se aplica a la totalidad de las operaciones de XXX. Nuestras metas son:

- Operar sin causar daños o impactos negativos a la gente o al ambiente.
- Impulsar el logro de adecuadas condiciones de salud ocupacional y seguridad.
- Adelantarse a las exigencias ambientales de las autoridades.

Para alcanzar estas metas, hemos decidido adoptar los principios del mejoramiento continuo y destinar los recursos adecuados a los programas ambientales, de salud ocupacional y seguridad.

2. Nuestras formas internas de trabajo

Para lograr el éxito hemos decido impulsar las siguientes ideas formas de trabajo en la organización:

- Todos los empleados participan y colaboran en estos asuntos.
- Se tiene un sentido de responsabilidad personal en todos los niveles de la organización.
- Los temas ambientales, de salud y de seguridad en el trabajo, son parte de todo proceso de toma de decisiones.
- Se trabaja de forma pro activa y consistente.
- Se está pendiente de los desarrollos técnicos apropiados a la empresa, para aplicarlos
- Se hace énfasis en lo preventivo
- Se estimula la participación de los empleados y su creatividad.
- Se estimula el trabajo en grupo y se coordinan las actividades ambientales, de salud y seguridad en el trabajo mediante el soporte de Comités participativos.

3. Acciones a realizar y estrategia

Para lograr establecer efectivamente estas políticas, XXX:
- Cumplirá con las normas, regulaciones y acuerdos que sean aplicables, a nivel local, nacional e internacional y definirá por escrito sus niveles de cumplimiento y de compromiso con tales regulaciones y acuerdos.
- Entrenará a su personal y lo estimulará para trabajar de forma responsable en todo lo relacionado con los asuntos del ambiente, la salud y la seguridad en el trabajo.
- Promoverá la salud espiritual, mental y física en su personal. Para ello evaluará regularmente las condiciones y los ambientes de trabajo y las mejorará de forma gradual y continua y patrocinará programas de crecimiento personal.

- Usará los recursos naturales de forma responsable, minimizando los gastos y las emisiones y mejorando las eficiencias en el uso de los materiales y de la energía.
- En el manejo de residuos y métodos de control ambiental:
- Buscará en lo posible que se practique el reciclaje y el aprovechamiento de residuos.
- Buscará el control y la mejora o cambio de procesos y de operaciones para minimizar las descargas y simplificar o evitar los procesos de control de emisiones finales.
- Buscará que el control ambiental se pague en gran parte con las mejoras de proceso, con las mayores eficiencias y el reciclaje de los productos obtenidos.
- Mantendrá programas regulares y consistentes de auditoría interna y de evaluación para identificar y reducir los riesgos para la salud y la seguridad en sus operaciones. Se trabajará de forma preventiva en la concerniente a incidentes y accidentes.
- Tendrá en cuenta el impacto ambiental y los ciclos de vida antes de proceder a lanzar nuevos productos o establecer nuevos procesos.
- Mantendrá informadas las comunidades vinculadas a la empresa sobre los distintos aspectos relacionados con el ambiente, la salud y la seguridad en nuestras operaciones, tendrá en cuenta sus preocupaciones en este sentido y dará respuesta e importancia a sus quejas e inquietudes.
- Dará información a nuestros clientes sobre el uso seguro, el reciclaje y la disposición de nuestros productos.
- Estimulará el que nuestros proveedores y contratistas sigan en lo posible estos principios y velará porque nuestras fuentes de tecnología los tengan en cuenta en sus diseños y transferencias.

Principio de la incertidumbre

Este es un principio chocante, pues nadie quiere sentirse inseguro ni arriesgar. Por ello se buscan las soluciones llave en mano, las de los expertos, las que no tienen enredos. Pero toda la vida es un trabajo indeterminado en progreso. La falta de certeza es uno de los huequitos por donde se filtra la magia creativa. Es importante encontrar espacios para generar creatividad y nuevas soluciones de alta calidad para el ambiente. Entre las creaciones mágicas de la zona de la incertidumbre, están:

- El lograr que los trabajadores participen y aporten ideas válidas para resolver problemas.
- Aprender a oír las quejas de la comunidad, para descubrir en ellas mejoras por hacer.
- Aceptar los problemas como oportunidades para crecer y para desarrollar tecnologías y no verlos como desgracias insalvables o productos de la maldad del sistema productivo.
- Proponer e impulsar el que las leyes y las normas de control de las autoridades se visualicen como signos de alerta para cambiar y adaptarse a realidades mejores y más eficientes. Trascender el ánimo de desobediencia y negatividad ante la ley, propio de nuestra forma de ver la vida, por un ánimo de participación y construcción, entendiendo la ley como un deseo de la autoridad por manejar la incertidumbre.

- Conocer los avances de los otros países y los desarrollos universales de la tecnología, estando actualizados y alertas para adoptar y superar las mejoras detectadas.
- Aprender a explicar y a oír, para contar con asesorías que nos

ayuden a eliminar la incertidumbre, creando confianza y soluciones válidas en su lugar. Crear la cultura del trabajo en grupo como forma de repartir la sabiduría y disminuir la ignorancia.

Principio de la complementariedad

Este es el principio de los lados opuestos, de las visiones complementarias. Esta visión acepta que son muchas las posibilidades de resolver un problema y que no hay que fijar limitaciones arbitrarias ni juzgar perentoriamente.

Los modos de conciencia superiores se caracterizan por una visión amplia de la realidad, donde abundan los puntos de vista. El observador contempla sin criticar, convencido de que todo se complementa finalmente.

Respetar el espacio del otro, incluyendo el espacio propio, es la clave para el logro de excelentes comunicaciones, que a su vez es la base de la convivencia y de la tranquilidad personal, familiar y comunitaria.

Escuchar lo que otros dicen es conveniente. Se pueden así apreciar lados ocultos. Escuchar activamente permite la participación de otros observadores y da solidez a las soluciones.

Aprender a escuchar, practicando los principios de la escucha activa, nos permitirá aprender del mundo, de los demás, de la naturaleza y, recíprocamente, ser escuchados. Un país abierto y atento, será un país pacífico. La atención que demos es la felicidad que recibimos.

La actual gritería intolerante, machista y violenta, debe ser cambiada por los principios de la escucha, que se pueden explicar y practicar con facilidad. Basta con creer que es posible y fácil, pues todos entendemos que existe el derecho al espacio y el derecho a recibir atención.

Energía limpia con el biogás de un relleno sanitario

Siempre es posible mejorar, siempre es posible evolucionar y optimizar. Lo que parece perfecto, simple tiene aspectos no tan buenos. Descubrirlos es un paso importante para mejorar.

El análisis de costo beneficio es una herramienta de mucho valor, que permite ver los aspectos complementarios de los problemas y de las soluciones.

Formar grupos de trabajo en las empresas, entre empresas, a todos los niveles es una excelente forma para lograr trabajo armónico.

Otro ejemplo de la aplicación de este principio es el problema que se observa en muchos casos con los equipos de control ambiental, los cuales arrancan a operar con buenos resultados, pero luego pierden efectividad por falta de mantenimiento y operación correcta y cariñosa. Si se logra una forma de trabajo en la cual estén involucrados los distintos sectores de la empresa: producción, mantenimiento, logística, gestión tecnológica, esto puede evitarse. Lo ideal es que el sistema de control sea parte del sistema productivo.

Principio de la unidad

Este se puede aplicar con grandes ventajas, de modo semejante a lo ya explicado en el principio de la complementariedad. Pero es bueno hacer énfasis en la idea de la unidad subyacente y de la forma de descubrirla con ayuda de una valiosa herramienta de trabajo que se denomina Ejercicio del Sentir. Con este ejercicio, uno toma cualquier objeto, persona, concepto, creencia, norma, equipo, problema, etc., y se "siente como se siente eso", o "como se siente sentir eso", o "como se siente pensar así" o "creer en eso". Al enfrentarse a cualquier proceso, idea, norma, etc., si uno practica esta herramienta, es como si uno "fuera eso", uno es "uno con eso", y las soluciones salen de la unidad íntima que todos tenemos con la creación entera. Esa es una zona verdaderamente milagrosa y eficaz.

Las distintas manifestaciones artísticas y culturales son expresiones prácticas del sentir. La cultura y el arte son alternativas reales para el futuro de una patria desgastada por la violencia. Son semillas de nueva vida cuya duración es eterna. Estas manifestaciones permiten el ejercicio de la imaginación, la observación y la creatividad de un modo tal que, hasta los hombres más salvajes y duros, sometidos a la belleza, dejan salir su aspecto espiritual.

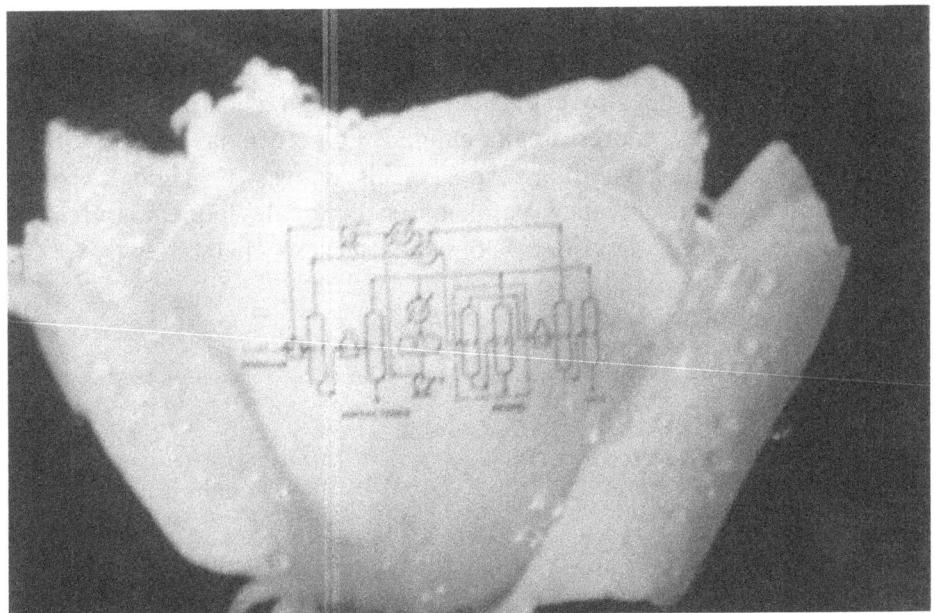

Es por eso que todo el sistema productivo debe apoyar el arte y la cultura como modo de equilibrar los desgastes inevitables causados en el medio ambiente y como forma de crear un ambiente paralelo muy humano y muy digno, que compense en parte la relativa monotonía del sistema de producción.

Principio de los universos paralelos

Este es el principio de las realidades ocultas, del lado desconocido de las cosas. Pero ante todo se refiere a descubrirnos como seres con varios niveles de conciencia, los cuales estamos en capacidad de experimentar para enriquecer nuestra actividad.

Es bueno insistir acá, que nuestras creencias están relacionadas con el nivel de conciencia que tenemos. Podemos tener creencias de bajo nivel, inspiradas en miedos, en temores o en sentimientos y emociones negativas. Otras creencias de nivel un poco más alto se basan en lo que todo el mundo dice, en lo que dicen la prensa, los medios de comunicación, los refranes, el sentido común dominante, en lo que siempre ha sido así (así son las cosas). Todavía podemos crecer más y tener creencias científicas, basadas en los libros, en los experimentos que hacemos, en los procedimientos técnicos, en los estudios, en lo que dicen los asesores. Pero todavía hay niveles mayores, aquellos que corresponden a nuestra capacidad creadora, a nuestras intenciones puras, a nuestros valores de alta calidad. Las creencias de este último tipo son las que posibilitan experiencias nuevas y mágicas. Todos estos niveles son universos paralelos en los cuales podemos vivir en simultáneo, puntos de vista más o menos sutiles o materiales.

Cuando soñamos con una nueva realidad y hacemos declaraciones sobre el tema que sean claras, en primera persona, en tiempo presente, se desata la energía creadora y surgen ideas aplicables, rentables e interesantes para desarrollar y trabajar. Por ello propondría lo siguiente a nivel práctico, para jugar con las creencias y encontrar alternativas creativas para resolver problemas ambientales o para enfrentarse a cualquier situación problemática:

- Determinar el problema, definiéndolo claramente.
- Declarar explícitamente un objetivo que defina la solución deseada, a nivel personal y de grupo. Elaborar una declaración clara, personal (o grupal también, pero siempre una personal).
- Adelantar acciones continuas, con la certeza de que van a aparecer sinergias, ayudas, ideas, propuestas, propias, del grupo, de otros, que se alinearán en la dirección del objetivo buscado.
- Estar alerta para aplicar y estimular las sinergias, las ideas y las propuestas.

Por ejemplo, siempre que se instale un sistema de ventilación exhaustiva en un proceso, es bueno pensar que el material recogido debe ser reutilizado y que, como consecuencia del sistema, el proceso debe mejorar.

Principio de relatividad del tiempo.

Acá tenemos la herramienta para manejar algunas de nuestras mayores creencias limitantes, como son las relacionadas con el tiempo y su manejo: que no tenemos tiempo, que no hay tiempo, que no podemos cambiar, que no hay plazos, ahora o nunca. Bajo estas creencias, tendemos a estar acosados y a incumplir. Dejamos las cosas para lo último, no hacemos cronogramas, nos dejamos afectar por la preocupación sobre lo que va a pasar, no damos miradas globales.

Optimizar una situación dada, por ejemplo, el manejo de un país hacia su desarrollo sostenible, es, en cierta forma, el resultado de verlo como un evento eterno, que siempre está ahí, junto a uno, en un eterno presente. Uno no se escapa ignorándolo, hay que vivirlo. Si uno se escapa, no lo vive, surge la indiferencia, uno no sabe que existe, uno no lo trabaja. Vivir con intensidad e interés es estar presente, como testigo de la realidad, como parte de ella.

Los problemas van apareciendo a medida que uno tiene tiempo para vivirlos y energía para resolverlos. Uno descubre que los problemas están ahí, que siempre han estado, pero al no ser consciente, uno no los ve. Si uno decide vivirlos, también el tiempo se proporciona para resolverlos al ritmo natural de la mejor solución disponible. Si, una vez consciente, uno les da la espalda y no los vive, aparece el acoso, la tensión, el incumplimiento, el tiempo lo atrapa a uno.

Propondría, entonces, no solamente como plan maestro para el manejo global de un país hacia su manejo equilibrado del ambiente y hacia la búsqueda de alternativas que nos lleven de la violencia a la convivencia, del desempleo a la satisfacción del pleno uso del recurso humano, sino también en todos los niveles personales y grupales:

- Elaborar listas de los grandes temas pendientes y de las relaciones que guardan con la optimización del uso de los recursos, especialmente del recurso humano. Mantenerlas actualizadas periódicamente, en forma regular.
- Estimar los esfuerzos necesarios, los costos y beneficios y proponer los proyectos que se vean atractivos.
- Estar dispuestos a insistir en las ideas buenas hasta que se lleven a la práctica. Vigilar que se manejen los proyectos con presupuestos, cronogramas y seguimientos. Una vez ejecutados, garantizar que se pongan en marcha real, para asegurar que se logre una buena operación y se materialicen las mejoras esperadas.

La inversión en recursos humanos dedicados al manejo del problema ambiental, según lo que he podido apreciar en mi experiencia personal en la universidad y en mis trabajos de asesoría e industriales, casi siempre se puede justificar con proyectos reales y rentables. El establecimiento de un departamento de Investigación y Desarrollo con responsabilidades ambientales, aún en empresas relativamente pequeñas, que se dedique a la optimización de procesos, podría ser aplicable a casi todas las empresas, inclusive las comerciales y es rentable.

Principio de los campos de energía

El manejo del espectro electromagnético ha sido la herramienta principal del desarrollo tecnológico moderno. De cierta forma se podría decir que nuestras sociedades en desarrollo, han estado de espaldas a los espectros de energía en sus aspectos fundamentales y se limitan a usar las tecnologías espectrales que se desarrollan en las sociedades más ricas y avanzadas, sin dominarlas ni entenderlas. Aquí hay un campo fértil para sembrar futuro y es hora de explorar las zonas amplias, casi ilimitadas del espectro, para encontrar nuestros nichos y nuestros aportes creativos.

Pero los campos de energía trascienden lo que ahora conocemos y la realidad material y se extienden a la totalidad de las realidades humanas, enlazando de modo misterioso todos los modos de conciencia. Ser partícipes de los descubrimientos energéticos es una alternativa para un país en crisis y lleno de violencia. Ya comenzamos a saber técnicamente lo que siempre hemos sabido con el corazón: que las fuerzas del amor existen y que tienen efectos físicos y que la solidaridad, la atención y el cariño son mágicas formas de componer la realidad. El establecimiento de redes de solidaridad, el estímulo al sistema cooperativo, el trabajo en comunidades, el apoyo al civismo y todas las manifestaciones que enriquezcan el trabajo comunitario y la hermandad serán fuentes de empleo y de felicidad. La violencia es falta de solidaridad y egoísmo puro.

Propongo para empezar, que en las distintas empresas se creen Comités Ambientales responsables de establecer metas de desarrollo sostenible aplicables a su caso partícula y de fijar estrategias y velar por su cumplimiento. Estos comités estarían formados por personas de los niveles productivo, administrativo, de mantenimiento, de seguridad y salud ocupacional, técnico, de investigación, de recursos humanos y tendrían representación de los trabajadores. Mediante estos comités se estimularían los modos de trabajo comunitario dentro de las organizaciones.

Principio de la entropía

El manejo acertado y creativo del cambio y de las crisis siempre ha sido una oportunidad para crecer. Ello exige un sistema de creencias muy especial, lleno de confianza en la capacidad de respuesta de la gente y de la sociedad. Los líderes muestran en estos momentos su fibra superior.

La formación de líderes es una excelente inversión para una sociedad que quiere despertar. Los líderes son seres que se atreven a salirse de la media cómoda y que creen en su chispa divina y en la de los demás.

Una sociedad dejada al azar se va desgastando bajo la fricción de sus conflictos no resueltos y de sus creencias llenas de temor y negatividad. El liderazgo es una alternativa real para inyectar nuevas energías y para renovar las creencias de la gente. Justifica renovar continuamente las ideas y establecer una cultura del cambio. Justifica agitar las ideas y desamarrarse de la ideología.

Nuestra naturaleza espiritual contiene la potencialidad para renovar las ideas y crecer sin desgaste.

El establecimiento de estímulos a la creatividad y a los logros ambientales es una excelente herramienta para mantener a la organización viva y activa en estos campos. Propongo que las empresas premien y estimulen la participación de todo el personal y de las distintas secciones y que establezcan metas atractivas y desafiantes para que la gente se comprometa con la limpieza, con la eficiencia, con el logro de ambientes de trabajo dignos, con el reciclaje y con la mejora de los procesos.

La práctica de los principios del mejoramiento continuo y de la búsqueda de la calidad son la base de algunos de los programas disponibles para las empresas, tal como es el caso de la norma ISO 14000 o el Programa de Responsabilidad Integral. Es altamente recomendable que las empresas se comprometan con estos principios, cuyo funcionamiento se verifica y se estimula mediante las auditorías internas y externas, aspectos fundamentales de estos dos programas mencionados. La credibilidad de las acciones, ante terceros, se garantiza mediante las auditorias. Pero también estas son elementos de gran efectividad para garantizar que se emprendan acciones correctivas, las cuales permiten restablecer el orden perdido a causa de acciones descuidadas.

Principio de la infinita variedad subyacente

Es claro que no estamos condenados a experimentar realidades agobiantes o fijas, ya que hay poderosos efectos escondidos en las pequeñas variaciones de los parámetros que influyen sobre la realidad. Siempre existirá la posibilidad de catalizar la existencia y de crear lo inesperado.

El entendimiento de los principios que explican la catálisis, en lo material, en lo humano y en lo mental, puede dar lugar a grandes avances, a inesperados avances. Mediante pequeñas intervenciones se pueden lograr grandes cambios sin grandes desgastes. Una palabra clave desata todos los recuerdos, una palabra cariñosa desata la acción, una idea feliz resuelve una situación. Así como en una reacción química un catalizador logra efectos milagrosos a baja temperatura, a baja agitación, en la sociedad y en lo humano actúan principios semejantes que deben ser descubiertos y utilizados.

Es una excelente alternativa para un país violento, explorar las ideas creativas y quizás no ensayadas o mal ensayadas, que de pronto estimulen la marcha hacia la convivencia. En general es una excelente alternativa estimular la imaginación, la creatividad y la inventiva. Aún las ideas que fracasan contienen claves que catalizan.

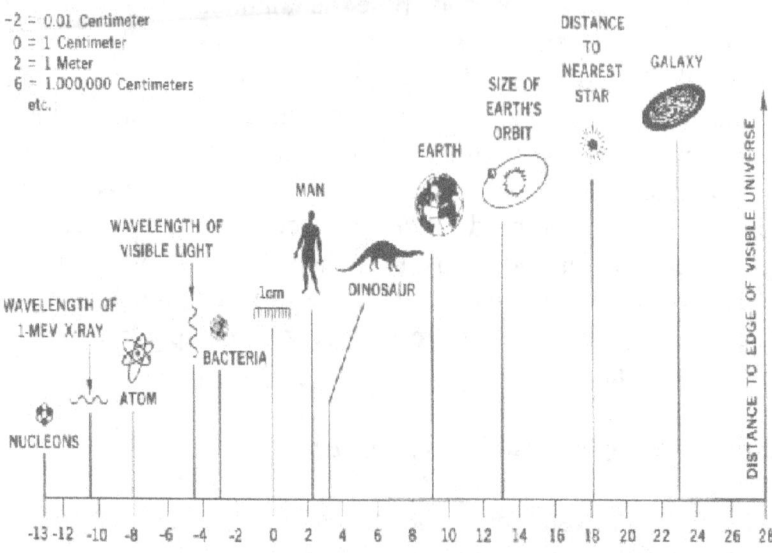

El orden caótico es parte natural de la existencia. El aparente desorden de nuestras realidades es manifestación de riquezas escondidas y oportunidades que quieren manifestarse y que desean atención. El campo del desarrollo sostenible es muy fértil y cultivarlo traerá grandes recompensas, más allá de lo que es posible imaginarse.

18- DIEZ ALTERNATIVAS PARA UN PAÍS SOSTENIBLE

Como resumen propongo diez ideas, una para cada principio, expresada en forma de declaraciones en tiempo presente, que permitirían el lucimiento creativo de los profesionales de Colombia.

1. Colombia es líder mundial en el uso medicinal de los alcaloides y de los principios activos de las plantas de sus ricos ecosistemas.
2. Colombia es líder mundial en programas de reciclaje de basuras urbanas.
3. Colombia es líder mundial en técnicas para despertar la participación popular constructiva, la imaginación y la creatividad de las gentes en todo lo concerniente a los programas del desarrollo sostenible.
4. Colombia es líder mundial en el manejo de la norma ISO 14000 y del Programa de Responsabilidad Integral.
5. Colombia desarrolla su cultura y se convierte en un centro mundial del arte.
6. Colombia desarrolla sosteniblemente sus riquezas carboníferas en todos los niveles de la cadena productiva y en todos sus usos y es líder mundial en esos campos.
7. Colombia se distingue por el manejo honesto y eficiente de sus proyectos de desarrollo de infraestructura y por llevarlos a cabo respetando sus ecosistemas estratégicos.
8. Colombia es líder en el uso eficiente de la energía y aprovecha su privilegiada riqueza energética para generar bienestar sin comprometer el de sus futuras generaciones.
9. Colombia es líder en el manejo integral de ecosistemas tropicales y en biodiversidad.
10. Colombia es potencia mundial en catálisis de procesos y se desarrollan ampliamente estas tecnologías a sistemas de producción limpia.

Ideas para colaborar con la creación de empleo

El problema del desempleo puede llegar a ser muy inquietante y tiene claras implicaciones éticas. Los niveles de desempleo absoluto han sido muy altos en Colombia, pero los niveles de desempleo reales son bastante mayores pues muchas personas trabajan parcialmente en oficios informales y en labores de tiempo parcial, sin estabilidad laboral.

La sociedad nuestra carece de un tejido social fuerte que pueda acoger a los desempleados y no hay formas de ayuda ni auxilios económicos para los desempleados.

Buena parte de las personas desempleadas tienden a pertenecer a los sectores más débiles de la sociedad: Los menos educados, los menos hábiles, los menos inteligentes para recibir instrucciones y para ejecutar tareas. Otras son personas que ya tienen cierta edad, por encima de los 40 años. Otras son personas conflictivas o rebeldes. Otras son personas sin capacitación. Otras tienen oficios que no están en demanda. Otros son personas jóvenes sin experiencia o sin contactos. Otras son personas jóvenes capacitadas en áreas en las cuales no hay suficiente demanda de trabajo.

Las empresas están evolucionando aceleradamente hacia volverse más eficientes y en general eso las lleva a eliminar personal que consideran ineficiente, perezoso, indisciplinado, conflictivo o poco colaborador, a no reemplazar las personas que se jubilan o que renuncian. A medida que se van organizando las empresas y se trabaja con menos gente, se notan grandes ventajas administrativas y de costos, de modo que la idea prevalente es que es muy complejo e ineficiente manejar una empresa llena de gente. No es tanto que sean demasiado altos los costos laborales, sino que es enredado manejar tanta gente con sus conflictos, su desorden, sus descuidos, su rebeldía, su tendencia a no seguir instrucciones y la poca confiabilidad que se puede tener al trabajar con exceso de personas. En último término todo esto conduce a sobre costos de producción, no necesariamente laborales, que pueden hacer que la empresa no sea competitiva.

Como resultado práctico de esta situación puede estar sucediendo lo siguiente:
- Las personas que pierden el contacto con el campo laboral ven disminuida sensiblemente su auto estima, pues sean buenas o malas para trabajar, sea justa o no la causa de su salida, de todas formas, entran a hacer parte de las crecientes multitudes de parias sociales que se miran a sí mismos como incapaces, rechazados e inútiles. Son personas que tuvieron su oportunidad y la sociedad las evaluó a través del empleo que alcanzaron a tener y las encontró torpes.
- Aumenta la pobreza. Los nuevos desempleados se quedan sin capacidad para sostener dignamente sus familias, para pagar sus deudas, para disfrutar de recreación, para consumir servicios. Son nuevos pobres que no tienen claro su futuro pues con la baja auto estima se llenan de creencias limitantes y sienten que las puertas están cerradas. Ello hace que la pobreza sea de verdad un problema de grandes proporciones que va más allá de lo meramente material.
- Aumenta la inseguridad. Las personas que han perdido su empleo y que tienden a ser rebeldes, desordenadas e indisciplinadas, fácilmente pueden quedar atrapadas en vicios, crimen, robos e

indisciplina, rebeldía y desorden social. Esto contribuye al aumento en los secuestros, la violencia, la extorsión, las bandas juveniles, la drogadicción y otros males sociales. Las empresas se quitan de encima problemas al salir de estos individuos lastre, pero la sociedad, al no contar con un tejido social, da lugar a que crezca el desorden social, pues antes eran lastres medianamente útiles y ahora se pueden convertir en eficientes sujetos de rebeldía y de protagonismo criminal.

- Baja el consumo de productos. Al aumentar la pobreza disminuye la capacidad de compra de las gentes y la cadena de consumo que mantiene vivas a las empresas se ve amenazada.
- Aumenta la desunión. La sociedad queda dividida en tres sectores. El sector inteligente y triunfador que maneja eficientemente las empresas y que crea riqueza. El sector de los empleados afortunados, jóvenes, capacitados, capaces, que saben seguir instrucciones, que se adaptan bien, pero que de todas formas se sienten inseguros, pues en cualquier momento pueden salir de su posición, pues no hay estabilidad laboral ni garantía de permanencia. El sector de los desempleados, sin mayores esperanzas.

En las sociedades ricas y organizadas como la norteamericana, la japonesa, la alemana y la española, se cuenta con el tejido social que da soporte por cierto tiempo a los desempleados y les ayuda a mantener su auto estima en un nivel razonable. Se cuenta con mayor dinámica social y cambiar de empresas es algo que ocurre con naturalidad, existiendo fuentes de empleo adicionales, como el turismo en España y la enorme capacidad de los servicios de restaurantes y del comercio para dar empleo, o la estabilidad laboral en Japón o la enorme autoestima de los alemanes. También allí se cuenta con mayor capacidad administrativa para manejar a las personas. Se cuenta con abundantes oportunidades para recibir capacitación y para reorientar el trabajo hacia nuevas oportunidades. Esto hace que la labor de volver más eficientes a las empresas no sea tan dura para las personas que pierden el empleo o que se quedan sin oportunidad laboral.

Se podría decir que las empresas serias y responsables de Colombia poco tienen que ver con esto y que no es su función resolver este tipo de problemas, que lo que realmente importa es ser cada vez más eficientes, más rentables y más lógicas de administrar, más altas en calidad y más productivas. Con esto bastaría y sobraría.

Esta quizás sería una visión miope, que, de ser asumida por las distintas empresas exitosas del país, nos puede llevar a la autodestrucción. Siempre se puede hacer más por los demás y es sano proponer que las empresas y los ingenieros exploren nuevas formas de ayudar en la compleja situación de desempleo sin que se pierda la magia del trabajo eficiente.

Propuestas desde el desarrollo sostenible

- Dar énfasis a los programas de aseo interno (housekeeping). El mantener muy limpias las zonas de trabajo, plataformas, los equipos, los sistemas de ventilación, los tanques, las tuberías, es rentable. Debería darse énfasis a estos programas, como si se tratara de que diariamente hubiera visitas detalladas de funcionarios inspectores, de auditores o de los dueños. Con esto se pueden crear empleos adicionales. Las ventajas se verán en menos costos de mantenimiento, mayor facilidad al operar equipos limpios, mayor satisfacción de los operarios e ingenieros al trabajar en plantas más ordenadas y limpias y de mayor productividad.
- Dar mayor énfasis a los programas de reciclaje interno. Para logra éxito y rentabilidad en los programas de reciclaje, es necesario prestarles atención y contar con personas que hagan los oficios del caso, pues los operarios no tienen el tiempo para ello y contar con la colaboración de los responsables para poder absorber los productos. Estas labores pueden dar empleo a varias personas y son rentables y benéficas también para el medio ambiente. Para que no haya agobio administrativo, se puede contratar a empresas dedicadas a estos asuntos para que, debidamente enteradas, se encarguen de las labores y de la administración. Esto podría también asignarse al departamento de seguridad industrial y medio ambiente.
- Crear pequeñas empresas que fabriquen artículos basados en el uso de los productos de las empresas. Estas empresas darían empleo a unas 5 a 10 personas, con su propio administrador y

servirían para gastar los subproductos o las segundas y para ensayar los nuevos productos de las empresas. Podrían crearse en unión con cooperativas de trabajo como Recuperar o Actuar, para lo cual hay subsidios.

- Patrocinar un número mayor y representativo de aprendices en entidades como el Servicio Nacional de Aprendizaje de Colombia. Estas personas tienen mucho más futuro que las que no se capacitan y se podría buscar que eventualmente trabajaran en las empresas patrocinadoras.
- Estimular más los programas de auto estima, formación humana, capacitación de los trabajadores, creatividad, en la empresa, de tal forma que cuando a las personas les llegue la hora de la salida (en caso de que les llegue) cuenten con herramientas para defenderse mejor como seres humanos y elementos de la sociedad.
- Entrevistarse con las personas del sector oficial (municipio, departamento, área metropolitana, nación) encargadas de estimular el empleo para ver en qué forma las empresas se pueden vincular sin afectar sus programas de alta eficiencia, aprovechando los estímulos existentes.
- Invertir mayores porcentajes de las ventas en Investigación y Desarrollo, destinando más recursos a la investigación básica y aplicada, en compra de equipos, contratación de estudios con universidades, presentación de proyectos al instituto de investigación Colciencias e inclusive contratando profesionales o practicantes. Estas inversiones en general son rentables en el plazo medio.
- Elaboración de proyectos con entidades como el instituto de fomento industrial IFI y Colciencias, para tratar de aprovechar los recursos existentes para aumentar la productividad, mejorar el medio ambiente, mejorar la calidad y desarrollar productos. Estos proyectos implican contratar personal, pero son subsidiados y eventualmente son rentables.

19- PRINCIPIOS PARA LA ELABORACIÓN DE NORMAS Y LEYES

Todo lo ambiental se ha ido derivando en una avalancha de normas y de regulaciones, la cual se ha constituido muchas veces en un freno al desarrollo de los proyectos sin que se llegue a los niveles deseados de protección y de conservación de los recursos. Por ello considero de mucha importancia tratar el tema de la elaboración de normas y leyes como capítulo final de este libro.

El desarrollo de normas para el mejoramiento de la vida ciudadana es un proceso de complejidad especial por razones múltiples. Por un lado, está la dificultad en la interpretación de las circunstancias que hacen que alguien proponga una norma. Por otro lado, está la tendencia a copiar las normas que se establecen en otros lugares. La experiencia que se ha tenido en Colombia ha sido de transferencia de normas utilizadas en otras latitudes y no siempre de vigencia en las condiciones de Colombia. Esta propuesta metodológica para el desarrollo de normas puede facilitar el que las normas y leyes realmente se orienten a la solución de los problemas que aquejan a los habitantes de nuestro país.

Formas equivocadas de legislar

La elaboración de normas presenta en países como Colombia una serie de limitaciones y dificultades que influyen negativamente en su cumplimiento y efectividad. Se trata de aspectos como los siguientes:

- Tendencia a copiar la legislación existente en otros países sin criterio suficiente.
- Tendencia a emitir las normas con base plazos estrechos fijados por entidades o personas que no tienen conocimiento apropiado sobre la complejidad del problema.
- Tendencia a no tener en cuenta en forma integral a los afectados por la norma.
- Tendencia a emitir normas de cumplimiento imposible o difícil para buena parte de los potenciales infractores.
- Tendencia a emitir normas incompletas que dejan de lado aspectos importantes.

- Tendencia a basar el cumplimiento de las normas en la aplicación de castigos o multas.
- Tendencia a cargar sobre los potenciales infractores los costos totales del cumplimiento sin considerar su capacidad real de asumir estos costos.
- Tendencia a menospreciar o a no tener en cuenta en absoluto los aspectos de costo beneficio para el país o para la sociedad como conjunto.
- Tendencia a asumir que los cambios pueden ocurrir de inmediato, sin dejar espacios de tiempo para entrenamiento y divulgación y para puesta en marcha y sin considerar las ventajas de una aplicación gradual de las normas.
- Tendencia a suponer que por el hecho de que una norma es emitida, es de inmediato aceptada, conocida y aplicada por los distintos afectados.
- Tendencia a emitir normas que implican importantes recursos humanos y técnicos para su puesta en marcha y control, sin velar porque las entidades cuenten con tales recursos.

Un buen ejemplo de estas formas equivocadas de trabajo es el de las tasas retributivas para aguas. Los decretos iniciales sobre tasas retributivas aplicables a la contaminación de las aguas en Colombia fueron emitidos en 1984 y consideraron tasas extremadamente severas y onerosas para una enorme lista de sustancias de interés sanitario. En la mayor parte de los casos no se contaba, al momento de emitir las normas, ni siquiera con equipos o capacidad local para medir las sustancias referidas. Cuando, al cabo de varios años, se intentó aplicar tasas a algunas de estas sustancias, se presentaron demandas por parte de los afectados y eventualmente estas normas fueron eliminadas y no fue posible cobrarlas. Estas tasas nunca fueron consultadas ni discutidas con los posibles responsables de pagarlas. Nunca se hizo un modelo económico sobre el impacto de las mismas ni se elaboraron modelos de impacto ambiental. Fueron más de 10 años desperdiciados.

Posteriormente se logró desarrollar una nueva etapa de este proceso. En vez de aplicar tasas a una lista enorme de sustancias, se han seleccionado dos: los sólidos en suspensión y la DBO5, y se están cobrando tasas por cuencas, con base en un modelo económico y con cierta planeación. En este caso los responsables están pagando las tasas y las cuencas de los ríos empiezan a sentir el efecto de hacer las cosas bien hechas.

Formas correctas de legislar

Los países como Colombia se caracterizan por contar con abundantes normas. Igualmente se caracteriza por la indisciplina social y por el incumplimiento de las normas. De alguna manera esto indica que las normas se establecen de forma equivocada. Algo está pasando en el proceso de normalización que da origen a la rebeldía social y a la tendencia a que se trabaje bajo el concepto que viene desde la época colonial y que establece que "se obedece, pero no se cumple". En este ensayo se supondrá que se están violando varios principios en los procedimientos de normalización, que son los siguientes:

- El principio del costo beneficio social y económico.
- El principio de la participación de los afectados.
- El principio de la gradualidad y del mejoramiento continuo.
- El principio de la educación y el entrenamiento.
- El principio de la retroalimentación.
- El principio de la administración del cambio.
- El principio de la medición y de la aplicación de indicadores.
- El principio de la estimulación positiva.

a- El principio del costo beneficio social y económico

El principio del costo beneficio establece que una norma sabia se refleja en que las distintas partes involucradas ganan al aplicarla. Por ello si los afectados por un efecto dañino, de verdad sienten el efecto y ven que se puede evitar a través de la norma, van a vigilar el cumplimiento de la misma. Si esto se refuerza con el hecho de que los dan origen al efecto ganan también al controlarlo, las posibilidades de aplicación son muy amplias.

Es importante crear un ambiente de compromiso social y económico en la comunidad para que las partes puedan entender las ganancias asociadas con una norma, las cuales son de tipo económico, social, ecológico, entre otras. El ambiente asociado con la norma va a facilitar o no el que se establezca la creencia y el convencimiento de que todos ganan. Este es un proceso necesario y que en buena medida va a garantizar el éxito normativo.

Hay normas que no representan clara ganancia para las partes. Si se imponen, la corrupción, la ignorancia, los pleitos y las leguleyadas, el incumplimiento, la rebeldía y el olvido serán los elementos de la respuesta social. Para lograr involucrar elementos de costo beneficio en el proceso normativo se pueden emplear herramientas como las siguientes:

- Estudios de costo beneficio de su aplicación.
- Estudios de diversas alternativas para la norma.
- Consultas con expertos.
- Ensayos pilotos de la norma en lugares o en el tiempo.
- Participación efectiva de los responsables, de los afectados y de la comunidad científica. Esto implica no solamente oír a las partes, sino tener en cuenta de verdad lo que dicen en la norma.
- Evitar aplicar normas que dan lugar a enfrentamientos o división social.

b- El principio de la participación de los afectados.

Este principio establece que existe buena fe en las personas de un país y que todos están interesados en el cambio y la evolución positiva. Por ello es importante la participación de los distintos sectores. Las personas tienen miedos, dolencias, experiencias y tendencia a sentirse atacadas y a reaccionar de formas variadas. Estos aspectos hacen que las personas deseen protección. Las personas tienen también capacidad de pensar y de sentir un amplio rango de emociones. Esto hace que las personas sean capaces de razonar y de sentirse afectadas y comprometidas. Igualmente, las personas pueden imaginar, intuir, crear, apreciar y observar. Esto hace que se ilusionen, que planeen, que tengan visiones, que amen y que sueñen con un futuro mejor.

La participación colectiva permite equilibrar todo este rango de estados de conciencia, de forma que todos sientan atención, aprecio y reconocimiento en el proceso. Cuando no hay participación se crean los secretos y las agendas ocultas. Las mentes se dividen, de forma que una faceta se compromete a cumplir la ley ante el poderoso o el técnico inteligente que la crea, de forma que este esté tranquilo y otra se burla y se dedica a tramar las trampas y las argucias para incumplirla. Para lograr involucrar elementos de participación en el proceso normativo se pueden emplear herramientas como las siguientes:

- Contar con tiempo suficiente para elaborar la norma.
- Realizar talleres y modelos de aplicación para que los interesados puedan captar el alcance de la misma.
- Elaborar escenarios participativos de aplicación, en los cuales los actores puedan hacer una matriz de oportunidades, fortalezas, debilidades y amenazas de la norma y pueden expresar sus miedos, expectativas, agendas ocultas, experiencias, pensamientos y emociones alrededor del tema.
- Permitir una participación amplia.
- Explicar bien la norma.
- Retroalimentar a los que participan sobre los efectos de su participación.
- Una vez creada la norma, estimular que todos los sectores participen en su puesta en marcha.

c- El principio de la gradualidad y del mejoramiento continuo.

Este principio establece que el cambio toma tiempo, que es importante crear hábitos nuevos para cambiar los antiguos modos de comportarse y que las personas se animan a cambiar cuando ven el efecto positivo del cambio. Establece que la gente no se siente bien cuando la sujetan a plazos arbitrarios o imposibles de cumplir y que prefiere hacer las cosas en un ambiente de seguridad y de construcción.

Históricamente los seres humanos han sido tratados como ovejas de un rebaño por sus líderes, que se aprovechan de los momentos de poder para conducirlos arbitrariamente, sin que sepan bien qué se sigue o cómo pueden influir en el cambio. Hasta hace poco los seres humanos iban a la guerra adoctrinados o se hacían matar por ideas abstractas sobre lo que es bueno o malo. La esclavitud es un fenómeno reciente y todavía se adoctrina a miles de niños y de jóvenes para hacer parte de bandas o de grupos armados.

El sistema educativo da gran valor a hacer las cosas rápido, sin fallar, en un ambiente de exámenes y de pruebas. Se premia la inteligencia rápida. El principio de la gradualidad ayuda a evitar esto. Si hay tiempo para hacer las cosas con calma, si se pueden repetir los ejemplos, si las cosas se explican con calma y amor, todos pueden llegar a la meta. El mejoramiento continuo elimina el miedo, pues siempre hay otra oportunidad para hacer las cosas bien hechas.

Por el contrario, muchas normas tienen diseños que no permiten aprender, de forma que la equivocación se juzga duramente y se castiga. Se hacen las normas como si fueran perfectas, de forma que se dificulte cambiarlas y mejorarlas. Se entronizan como si se tratara de entidades divinas. Se practica el principio de que la ley es la ley y basta, no importa que sea absurda.

Para lograr involucrar elementos de gradualidad en el proceso normativo se pueden emplear herramientas como las siguientes:

- Contar con períodos de ensayo y ajuste de las normas.
- Ensayar las normas en regiones antes de que sean aplicables a todo un país.
- Permitir que la ignorancia razonable sobre una norma sea válida como excusa para aplicarla gradualmente.
- Establecer escalas de estímulos y castigos, de forma que al inicio de la aplicación los estímulos sean de tipo positivo y se haga énfasis en la educación y en el conocimiento y gradualmente se establezcan castigos y multas para los que se resisten a aplicar la norma una vez pasados los períodos de ajuste y de educación.
- Facilitar los procesos de reclamación ante la aplicación de una norma y los procesos de cambio de las normas.

d- El principio de la educación y el entrenamiento.

Este es un principio razonable y evidente que no debiera faltar en ninguna norma, pero es probablemente el más sacrificado en el proceso normativo. Quizás como resultado de las formas arbitrarias de manejo que ha sufrido la humanidad, el sistema tiende a asumir que todas las personas nacen aprendidas ante la ley y ante las normas y que cada quien tiene que responsabilizarse de entender la norma, la cual se asume perfecta y suprema.

Mediante procesos de concientización, de educación, de entrenamiento y de capacitación, es posible lograr que las personas puedan aplicar las normas con sabiduría y eficacia. Para lograr involucrar elementos educativos en el proceso normativo se pueden emplear herramientas como las siguientes:

- Contar con períodos de entrenamiento y capacitación comunitarios, antes de que la norma entre en vigor.
- Realizar eventos educativos con los responsables de aplicar y de cumplir las normas.
- Contar con instancias y recursos educativos en los organismos responsables de aplicar las normas.
- Evaluar el nivel de conocimientos que existe sobre las normas y limitar su aplicabilidad en caso de que se detecten carencias formativas o por lo menos proceder a educar y a entrenar cuando se detecte que existe un cierto grado de ignorancia.
- Incluir elementos educativos en la aplicación de la norma, por ejemplo, que las infracciones se castiguen con la obligación de capacitar a las personas de la organización o con la obligación de dar ayudas educativas o con la obligación de que el infractor se entrene y se eduque.
- Trabajar con los medios de comunicación para que las normas sean conocidas.
- Estimular públicamente a las entidades que cumplan las normas.
- Estimular en las normas a las empresas o entidades cumplidoras que apadrinen a otras que todavía no logran cumplir totalmente la norma en sus procesos de ajuste hacia su cumplimiento.

e- El principio de la retroalimentación.

Este es un principio cibernético, moderno, que arroja grandes luces sobre el comportamiento de los sistemas dinámicos. El derecho, las normas y el comportamiento social hacen parte de un complejo sistema dinámico en el cual están involucrados los seres humanos, que son los organismos más complejos de la realidad natural. Sin la retroalimentación, los sistemas se desordenan y se salen de control y se pierde el sentido de las cosas.

La retroalimentación se basa en comparar las metas y deseos que se tienen con los resultados que se están obteniendo en un proceso dado. Al hacer esta comparación, se mide el nivel de satisfacción y se toman decisiones de cambio, orientadas al logro de los objetivos deseados. Para que este proceso funcione, se requiere contar con herramientas para medir el éxito del proceso, se requiere contar con metas y objetivos reconocidos socialmente, se requiere contar con criterios para evaluar los niveles de satisfacción, se necesita contar con modelos de actuación que den guías sobre la forma de corregir el proceso para llevarlo a mejores resultados, se requiere tiempo para evaluar y tiempo para hacer los cambios.

Atenta contra este principio el declarar que la norma es perfecta, pues entonces, ¿para qué evaluar el éxito de su aplicación? Atenta también el empleo de un sistema de castigos severos, pues en este caso el éxito de la norma está asociado con la represión y el sufrimiento de grupos humanos y no con su adaptación a la normatividad. Atenta también contra este principio la ignorancia comunitaria, pues no permite conocer los mecanismos de cambio y de ajuste de la norma ni evaluar el éxito logrado. Atenta también el considerar la norma solamente desde el punto de vista del bien y del mal, pues la retroalimentación emplea elementos conectivos entre los extremos de un problema y admite la desviación y el error.

Para lograr involucrar elementos sistémicos y de retroalimentación en el proceso normativo se pueden emplear herramientas como las siguientes:

- Definir políticas nacionales y regionales en forma participativa y mantener estas políticas en la mira comunitaria.
- Definir los objetivos y las metas que se desean lograr con la aplicación de una norma, señalándolos en forma concreta y evaluable.
- Establecer cronogramas para el logro de los objetivos y metas.
- Establecer indicadores que permitan evaluar el cumplimiento de las normas. Explicarlos y difundirlos. Enseñar a utilizarlos colectivamente.
- Asignar recursos humanos y técnicos para realizar los procesos de medición regular de los indicadores. Apoyar al sistema

científico, tecnológico y educativo para que haga parte de estas rutinas de evaluación.
- Estimular que los indicadores sean conocidos comunitariamente.
- Realizar eventos regulares y programados de evaluación de las normas y de sus indicadores de desempeño, para ayudar a gestionar la mejora del sistema normativo y evaluativo.
- Publicar y difundir los casos exitosos de aplicación normativa, con el fin de que se logre la excelencia en el proceso.
- Considerar conjuntos completos de elementos al establecer las normas (comportamiento humano, economía, ética, tecnología, administración, educación). Evitar mirar únicamente el aspecto moral.

f- El principio de la administración del cambio.

Este es un principio que admite la necesidad de entender el cambio como algo aceptado y presente en la vida de los seres humanos, pero también como un fenómeno complejo ante el cual las personas sienten miedo y rechazo. El cambio es entonces un fenómeno dual, ante el cual surgen diversos miedos y expectativas, deseos y rechazos, promesas y engaños.

Toda nueva norma implica cambio de actitud y cambio de comportamientos. Implica la esperanza de un mundo mejor, más ordenado, más justo, más lógico, más manejable. Pero también implica la necesidad de abandonar esquemas, de aprender nuevos métodos, de aceptar nuevas formas de ver la realidad, de abandonar viejas creencias.

Los distintos seres humanos se ven afectados de formas variadas. Los responsables de cumplir la norma deben elaborar nuevos procedimientos, hacer inversiones, explicar cosas, hacer declaraciones. Las autoridades deben establecer reglamentos, entrenar funcionarios, abrir oficinas de atención a las personas. Los habitantes esperan soluciones rápidas, esperan que el cambio traiga nuevas situaciones. Para todo se necesitan presupuestos y recursos y toma tiempo arbitrarlos,

Unos quieren que el cambio sea inmediato, otros desean plazos. Todos tienen la razón. Ninguno tiene la razón. Es un típico fenómeno dual y contradictorio. Este tipo de fenómenos deben ser administrados, pues de lo contrario, se produce una frustración generalizada en las personas y la norma se desgasta en medio del desorden.

La administración del cambio es entonces una forma sabia de resolver las contradicciones que surgen al implantar una nueva norma. Para lograr involucrar elementos de administración del cambio en el proceso normativo se pueden emplear herramientas como las siguientes:

- Definir cronogramas de actividades para establecer las normas y para llevarlas a la práctica, que correspondan a la realidad de los recursos de la sociedad. En general es un sofisma declarar que "esta norma rige desde su publicación". De inmediato muchos son infractores e ilegales con solo que la norma se publique.
- Involucrar los ciclos administrativos como parte del proceso normativo. Es decir, el ciclo planear, actuar, evaluar, retroalimentar y perfeccionar la norma.
- Asignar recursos humanos para cada norma, que sean suficientes, entrenados y supervisados.
- Permitir que los usuarios puedan consultar el significado de las normas y recibir asesoría tranquila y seria sobre su cumplimiento.
- Eliminar las tramitologías y simplificar el contacto entre la autoridad y los distintos usuarios de una norma.
- Evitar demorar las respuestas que se solicitan y simplificar los procesos.
- Establecer indicadores sobre la forma en la cual la sociedad está respondiendo ante la norma y comentarlos comunitariamente.
- Publicar y divulgar los casos exitosos de cumplimiento de las normas y examinar las dificultades.
- Estimular el autocumplimiento de la norma por parte de los responsables y estimular el trabajo en equipo de las entidades que tienen que ver con ello.
- Confiar en los usuarios, pero evaluar el avance de la norma y los efectos que se están creando.

f- El principio de la medición y de la aplicación de indicadores

Este principio establece que el conocimiento objetivo de los fenómenos estimula el avance colectivo en un área dada del comportamiento humano. Es decir, que la conciencia y la actuación se nutren de las evidencias. En la medida en la cual la gente conozca los hechos, será más fácil que se comprometa.

Medir y evaluar la realidad es una tarea compleja, pero llena de recompensas. Permite que la gente asuma posiciones razonables y que no haga exigencias imposibles. Disipa miedos y los reemplaza por compromisos. Cambia el dolor por la solución que aparece. Reemplaza la agresividad por la respuesta razonada y equilibrada. Utiliza las experiencias del pasado para buscar objetivos mejores en el futuro. Ayuda a despertar la imaginación y la creatividad. Es el resultado mágico del poder de observación humano.

Para lograr involucrar elementos de medición y de aplicación de indicadores en el proceso normativo se pueden emplear herramientas como las siguientes:

- Definir objetivos y metas para las normas, que sean evaluables y medibles.
- Asignar a cada objetivo y meta algún tipo de indicador.
- Apoyarse en las instituciones científicas y educativas para evaluar las metas y objetivos y para aplicar los indicadores.
- Establecer herramientas de costo beneficio.
- Publicar los resultados de las evaluaciones y discutirlos.
- Mentalizar a las autoridades y las personas involucradas sobre la necesidad de utilizar los indicadores como forma de evaluar el éxito del proceso normativo.
- Revisar y actualizar las metas, los objetivos y los indicadores.

g-El principio de la estimulación positiva

Este principio se basa en la idea de que la sociedad como un todo quiere progresar en medio del respeto por la ley y que puede avanzar con más efectividad en este propósito por medio de medios abiertos, positivos, estimulantes y humanos, que a base de castigo, dolor, cárcel, multas y miedos.

Como hasta hace muy poco se tenía la idea contraria, esta permanece en la conciencia colectiva y todavía la gente se siente atraída por el castigo y por el dolor como métodos para lograr objetivos con rapidez. Por ello el sistema normativo está cargado de amenazas y de seriedad. La justicia, que es ciega, pero justa y sabia, caerá con todo su peso sobre los infractores, así que es mejor cumplir la norma. Estas visiones desafortunadas han hecho que las cárceles, las multas, los castigos, la corrupción y el incumplimiento sean comunes en el sistema legal.

Es mejor atreverse a confiar en que la gente responde a un trato digno y que mediante la atención a los conflictos y el trabajo colectivo cariñoso y consistente, estos se pueden resolver. Es mejor lograr el desarrollo de la conciencia colectiva para alcanzar el desarrollo sostenible, que lograr imponer la disciplina a base de castigos y miedos. Para lograr involucrar elementos de estímulo positivo en el proceso normativo se pueden emplear herramientas como las siguientes:

- Asociar las normas con estímulos e incentivos.
- Establecer que los castigos y las multas se aplican solamente como último recurso, cuando los responsables de un problema se niegan sistemáticamente a asumir esa responsabilidad.
- Evitar que la aplicación de la justicia y la resolución de los conflictos normativos sean lentos y arbitrarios.
- Evitar que las multas y castigos sean irrazonables o confiscatorios.
- Evitar penalizar los errores administrativos o de procedimiento de los responsables.
- Educar a la gente sobre la norma y sobre las motivaciones y la sabiduría que contiene.

A Guisa de Conclusión: El proceso Normativo ISO aplicado a las normas

El proceso que ha dado origen a las normas ISO 9000 e ISO 14000, se puede considerar que va en la dirección de lo que se puede denominar forma correcta de establecer normas, según se ha explicado ampliamente en este ensayo. La idea de este ensayo es proponer que en Colombia se despierte la conciencia colectiva y se acepte que un proceso similar se puede aplicar a las normas. La idea es que los organismos de control y vigilancia apliquen los conceptos subyacentes al sistema ISO 9000 y 14000 a sus conjuntos normativos.

Para esto, ISO 14001 se basa en el concepto de mejoramiento continuo: planear, implementar, verificar y mejorar, tal como se muestra en la tabla siguiente aplicada al caso del proceso para establecer normas. La idea es que **"la organización (el estado en este caso) debe de manera continua <u>revisar y mejorar su sistema de gestión</u> (normativo en este caso), con el objeto de mejorar su desempeño"**.

Relación de los Elementos de ISO 14001, el Mejoramiento Continuo y el Proceso Normativo

Planear	Política de la entidad que normaliza Aspectos a normalizar Requerimientos legales básicos	Objetivos y metas Programas para el logro de los objetivos y formas de gestión
Implementar	Estructura y responsabilidades del sistema normativo Entrenamiento de los involucrados Comunicaciones para el logro del éxito normativo	Documentación que respalda el sistema normativo particular Control de la aplicación de las normas Preparación para las dificultades y anormalidades
Verificar	Medición, monitoreo de los indicadores de éxito normativo. Examen de las no conformidades en el proceso: acciones correctivas y preventivas internas y externas	Registros de casos exitosos, de las dificultades y de los indicadores Auditorías externas y revisiones internas. Reuniones y discusiones Trabajo académico y científico sobre las normas
Mejorar	Revisión a todos los niveles Cambio normativo	Entrenamiento para el cambio.

Se propone que se exploren las enormes posibilidades de los sistemas modernos de gestión, los cuales viene creciendo en aceptación y aplicación y se apliquen a los modelos de manejo normativo estatal, que en general no han sido exitosos.

Referencias

1. Palmer, Harry. *Resurgiendo, técnicas para la exploración de la conciencia,* Star´s Edge International, Altamonte Springs, Florida, USA, 1997.
2. Palmer, Harry. *Viviendo Deliberadamente,* Star´s Edge International, Altamonte Springs, Florida, USA, 1997.
3. Buzan, Tony, con Buzan, Barry. *El Libro de los Mapas Mentales,* Ediciones Urano, Barcelona, España, 1996
4. Wilson, Edward. *Consilience, The Unity of Knowledge,* Alfred A. Knopf, New York, USA, 1998
5. Sánchez, Victor. *Las enseñanzas de don Carlos,* Ed. Norma, Bogotá, Colombia, 1997
6. Capra, Fritjof. *La trama de la vida*, Editorial Anagrama, Barcelona, España, 1998
7. Pearsall, Paul. *Milagros,* Editorial Planeta, Bogotá, Colombia, 1993.
8. Posada, Enrique. *EVALUACIÓN ECONÓMICA DE IMPACTOS AMBIENTALES, APLICACIÓN AL CASO DE LA PLANTA TÉRMICA DE FABRICATO. U.P.B. Y EAFIT, 1980. 50 Pags.*
9. Posada, Enrique. Bioética: una visión ética del manejo del medio ambiente (ISBN: 978-958-696-177-6, editorial: Universidad Pontificia Bolivariana, 2000).
10. Posada, Enrique. Hacia una cultura de la gestión energética empresarial (ISBN: 978-958-46-4746-7, 700 p, 2014, en edición patrocinada por ISAGEN.
11. Posada, Enrique, Strategic Analysis of Alternatives for Waste Management en el libro Waste Management (Edited by Sumil Kumar, ISBN 978-953-7619-84-8, pp. 232, March 2010, INTECH, Croatia, DOI: 10.5772/8462 · InTech)
12. Posada, E y otros. El libro de las buenas ideas de movilidad sostenible, Autores Editores, 2016, basado en las experiencia

Para esto, ISO 14001 se basa en el concepto de mejoramiento continuo: planear, implementar, verificar y mejorar, tal como se muestra en la tabla siguiente aplicada al caso del proceso para establecer normas. La idea es que **"la organización (el estado en este caso) debe de manera continua revisar y mejorar su sistema de gestión (normativo en este caso), con el objeto de mejorar su desempeño"**.

Relación de los Elementos de ISO 14001, el Mejoramiento Continuo y el Proceso Normativo

Planear	Política de la entidad que normaliza Aspectos a normalizar Requerimientos legales básicos	Objetivos y metas Programas para el logro de los objetivos y formas de gestión
Implementar	Estructura y responsabilidades del sistema normativo Entrenamiento de los involucrados Comunicaciones para el logro del éxito normativo	Documentación que respalda el sistema normativo particular Control de la aplicación de las normas Preparación para las dificultades y anormalidades
Verificar	Medición, monitoreo de los indicadores de éxito normativo. Examen de las no conformidades en el proceso: acciones correctivas y preventivas internas y externas	Registros de casos exitosos, de las dificultades y de los indicadores Auditorías externas y revisiones internas. Reuniones y discusiones Trabajo académico y científico sobre las normas
Mejorar	Revisión a todos los niveles Cambio normativo	Entrenamiento para el cambio.

Se propone que se exploren las enormes posibilidades de los sistemas modernos de gestión, los cuales viene creciendo en aceptación y aplicación y se apliquen a los modelos de manejo normativo estatal, que en general no han sido exitosos.

Referencias

1. Palmer, Harry. *Resurgiendo, técnicas para la exploración de la conciencia,* Star's Edge International, Altamonte Springs, Florida, USA, 1997.
2. Palmer, Harry. *Viviendo Deliberadamente,* Star's Edge International, Altamonte Springs, Florida, USA, 1997.
3. Buzan, Tony, con Buzan, Barry. *El Libro de los Mapas Mentales,* Ediciones Urano, Barcelona, España, 1996
4. Wilson, Edward. *Consilience, The Unity of Knowledge,* Alfred A. Knopf, New York, USA, 1998
5. Sánchez, Victor. *Las enseñanzas de don Carlos,* Ed. Norma, Bogotá, Colombia, 1997
6. Capra, Fritjof. *La trama de la vida*, Editorial Anagrama, Barcelona, España, 1998
7. Pearsall, Paul. *Milagros,* Editorial Planeta, Bogotá, Colombia, 1993.
8. Posada, Enrique. *EVALUACIÓN ECONÓMICA DE IMPACTOS AMBIENTALES, APLICACIÓN AL CASO DE LA PLANTA TÉRMICA DE FABRICATO. U.P.B. Y EAFIT, 1980. 50 Pags.*
9. Posada, Enrique. Bioética: una visión ética del manejo del medio ambiente (ISBN: 978-958-696-177-6, editorial: Universidad Pontificia Bolivariana, 2000).
10. Posada, Enrique. Hacia una cultura de la gestión energética empresarial (ISBN: 978-958-46-4746-7, 700 p, 2014, en edición patrocinada por ISAGEN.
11. Posada, Enrique, Strategic Analysis of Alternatives for Waste Management en el libro Waste Management (Edited by Sumil Kumar, ISBN 978-953-7619-84-8, pp. 232, March 2010, INTECH, Croatia, DOI: 10.5772/8462 · InTech)
12. Posada, E y otros. El libro de las buenas ideas de movilidad sostenible, Autores Editores, 2016, basado en las experiencia

con un programa educativo que se tuvo con 800 empleados de la empresa TRANSPORTES MEDELLÍN en colaboración con el Politécnico Jaime Isaza Cadavid.
13. The Ayurveda Natural Medicine System and its Environmental Implications. Posada E. Environ Sci Ind J. 2017;13(4):144. ©2017 Trade Science Inc.
14. Towards Sustainable Cities trough a Decrease in CO_2 Emissions Based on Creating Consciousness on Human Habits and Its Relations to Body CO_2 Emissions and Associated Impacts. Posada et al. Int J Earth Environ Sci 2016, 1: 116 http://dx.doi.org/10.15344/ijees/2016/116
15. Posada, E y otros. Establishment of environmental quality indices of rivers according to the behavior of dissolved oxygen and temperature. Applied to the Medellín River, in the Valley of Aburrá in Colombia. En Dyna (Medellin, Colombia) 80(181):192-200 · October 2013.
16. Posada, E. Rational energy use and waste minimization goals based on the use of production data. En Dyna (Medellin, Colombia) 75(154) March 2008
17. Posada, E. Movilidad sostenible y ciudades inteligentes. Junio 2017 - Seminario sobre Arquitectura Sostenible - Sociedad Antioqueña de Ingenieros SAI, Medellín – Colombia.
18. Posada, E y otros. Towards sustainable cities trough a decrease in CO2 emissions based on creating consciousness on human habits and its relations to body CO2 emissions and associated impacts · July 2016 5th International Conference on Earth Science and Climate Change -Stimulating and Analysing the changes of Earth and Climate, At Bangkok, Thailand
19. Posada, E. El análisis de oportunidades y de costo beneficio en la realización de auditorías energéticas. Sept 2014. II Congreso Internacional de Energía Sostenible, Universidad de Santo Tomás, Bogotá Colombia.
20. Posada, E, Ingeniería de proyectos y proyectos de investigación en energía sostenible. Sep. 2014. II congreso internacional de energía sostenible, Universidad de Santo Tomás Bogotá Colombia
21. Posada, E. Jaramillo, D. Creativity applied to recovery and recycling in industry, presented en el R'05 7th World Congress on Recycling and recovery, Beijing, China, 200.

22. Posada, E. Rational energy use and waste minimization goals based on the use of production data, Presentado en R'07 World Congress, Recovery of Materials and Energy for Resource Efficiency, Davos, Switzerland, 2007
23. Posada, E. A contribution to the strategic analysis of alternatives for waste management in Valle de Aburrá area, Medellín-Colombia; Presentado en Global Symposium on Recycling, Waste Treatment and Clean Technology, Cancún, México, 2008
24. Posada, E. The role of poetry and images in creating recycling and resources saving awareness; presented en el R'09 Twin World Congress on Resource Mangement and Energy Efficieny, at Nagoya, Japan, 2009.

www.ingramcontent.com/pod-product-compliance
Lightning Source LLC
Chambersburg PA
CBHW080549220526
45466CB00010B/3085